ISBN 978-0-260-85831-3
PIBN 10338014

This book is a reproduction of an important historical work. Forgotten Books uses
state-of-the-art technology to digitally reconstruct the work, preserving the original format
whilst repairing imperfections present in the aged copy. In rare cases, an imperfection in
the original, such as a blemish or missing page, may be replicated in our edition. We do,
however, repair the vast majority of imperfections successfully; any imperfections that
remain are intentionally left to preserve the state of such historical works.

AUS

ERZHERZOG JOHANNS

TAGEBUCH

EINE REISE IN OBERSTEIERMARK

IM JAHRE 1810

IM AUFTRAGE SR. EXC. DES HERRN FRANZ GRAFEN VON MERAN

HERAUSGEGEBEN

VON

FRANZ ILWOF

GRAZ

LEUSCHNER & LUBENSKY

K. K. UNIVERSITATS-BUCHHANDLUNG

VORWORT.

Am 20. Januar 1882 waren es hundert Jahre, dass Seine k. k. Hoheit der durchlauchtigste Herr Erzherzog Johann das Licht der Welt erblickt hatte. In Steiermark, dessen Blühen und Gedeihen er den grössten Theil seines thatenreichen Lebens gewidmet, wurde dieser Erinnerungstag allenthalben würdig gefeiert und dem unvergesslichen Wohlthäter des Landes in einer Festversammlung und vor seinem Standbilde auf dem Hauptplatze in Graz eine einfache, aber von den Tausenden, welche daran theilnahmen, tiefempfundene Huldigung dargebracht. Auch die Freunde

—

unserer Alpenwelt erinnerten sich dankbar jenes erlauchten Mannes, der einer der ersten Bahnbrecher und Pfadfinder im Hochgebirge war; der deutsche und österreichische Alpenverein brachte ihm durch die im XIII. Bande seiner Zeitschrift veröffentlichte biographische Skizze „Erzherzog Johann und seine Beziehungen zu den Alpenländern" und der österreichische Touristenclub in Verbindung mit der Section „Austria" des deutschen und österreichischen Alpenvereines durch Errichtung eines Denkmals zu Neuberg in Steiermark, den schuldigen Tribut der Dankbarkeit und Verehrung dar.

Hiedurch veranlasst, fasste des Herrn Erzherzogs Sohn, Herr Franz Graf von Meran, den Entschluss, einen Theil jener Aufzeichnungen, welche sein erlauchter Vater über seine Alpenreisen hinterlassen, der Oeffentlichkeit zu übergeben und betraute den Unterzeichneten mit der Herausgabe dieses Buches. Die Reise von 1810 wurde gewählt, weil sie die erste ist, über welche Berichte vorliegen, die einen grösseren Theil der obersteirischen Alpen betreffen; die Schilderung derselben durch den Herrn Erzherzog in seinem Tagebuche ist aber auch darum von hervorragendem Interesse, weil sich aus derselben klar und deutlich ergibt, wie sehr die wunderbaren Schönheiten der Alpen schon damals den erst 28 Jahre alten Prinzen ergriffen und entzückten, mit welchem Eifer und Verständniss er Allem, was auf dieser Reise sich ihm darbot, mag es in der Natur oder im Volksleben ihm entgegengetreten sein, sich hingab und welch innige Liebe er zu Land und Leuten in seinem für alles Gute, Schöne und Grosse warmschlagenden edlen Herzen trug. — Nichts was von Bedeutung ist, entgeht seinen Blicken, er sammelt Pflanzen und Gesteine, er besucht Bergwerke und Eisenhämmer, er studirt die wirthschaftlichen Verhältnisse des Bauernstandes, die Zustände in Schule und Kirche, und er begeistert sich an den grossartigen Naturbildern, welche sich auf Bergesspitzen vor seinen Augen entrollen. Es ist kaum zu viel gesagt, wenn man diese Reiseschilderung als vollständiges Culturbild der von ihm durchreisten Gebiete — steirisches Salzkammergut. niedere Tauern, Admont, Sekkau und Umgebung — für das Jahr 1810 bezeichnet.

Einige Stellen der vorliegenden „Reise" sind bereits, aber nicht correct, in den „Darstellungen aus dem Steiermärk'schen Oberlande" von F. C. Weidmann (Wien 1834) abgedruckt, dem sie der durchlauchtigste Erzherzog ohne Zweifel zu diesem Behufe zur Verfügung gestellt hat.

GRAZ, December 1882

Dr. FRANZ ILWOF.

ERZHERZOG JOHANNS REISE

IN

OBERSTEIERMARK 1810

Alpenreise im Judenburger Kreis.

Den 16. August ging es auf der Post fort bis Kalwang, Mittags speiste ich in Mürzzuschlag. Um 8 Uhr wurde aufgebrochen und um 11 Uhr Nachts traf ich ein. Nichts war vorbereitet, denn Alles schlief, doch war ich für meine Person zufrieden. Während der Umspannung in Leoben begann es heftig zu regnen. Nachts hindurch war Gewitter.

Den 17. August um 9 Uhr wurde die Reise fortgesetzt. Der Weg war schlecht. In Gaishorn musste ich wegen Nachlässigkeit des Postamtes lange auf Bespannung harren. Ein Wolkenbruch im Paltenthal hatte Schaden verursacht, vorzüglich bei der Klamm zu Strechau. Die Regulirung der Palten wäre äusserst nothwendig und unterliegt keinen Schwierigkeiten; Vorschläge sind bereits gemacht. Ich sah sie, vermöge dieser wird die Palten, welche durch so mannichfaltige Krümmungen einen trägen Lauf hat, in ein ordentliches Bett gebracht und gerade geleitet, die Moräste und der stets sich vergrössernde, vor 80 Jahren noch nicht bestehende Gaishorner-See werden abgezogen und ausgetrocknet, die Waldbäche vom Tauern bei Trieben und des Strechauthales eingedämmt und in eine schiefe Richtung in die Palten geführt. Der kürzere Lauf und ein breiteres Bett beschleunigen den Zug und fassen die Wassermengen in sich; der reissende Zug wäscht das Bett aus und vertiefet es; dieses so schöne Thal wird dadurch fruchtbarer, und die Gesundheit der Bewohner, die immer mehr gefährdet wird, gewinnt. Jetzt ist die Klage über Fieber, und das Aussehen der Leute, welche die Tiefe bewohnen, beweiset dieses hinlänglich. Fürnemlich ist zu sehen, wie von Jahr zu Jahr das Uebel zunimmt; ich habe öfters dieses Thal besucht; wie viele schöne Gründe liegen unter dem Wasser, wie viele sind durch die Giessbäche versandet. — Es liess nach zu regnen, kühle Alpenluft wehte, die Enns war ausgetreten, welches bei jedem etwas anhaltenden Regen erfolget; um 10 Uhr Nachts kam ich in Aussee an. — Der Oberamtmann Lenoble brachte mir den Plan, der auf acht Tage berechnet war, und mir Gelegenheit gab, das ganze Kammergut zu durchsehen. Eine schöne Witterung war nothwendig, um meine Absicht auszuführen.

Den 18. August. Ich schlief bis 8 Uhr. Man ordnete und machte Vorbereitungen. Der Tag war grau, und ich wünschte einen Nord- oder Ostwind, damit er den Nebel zerstreue; denn ich sagte mir im Stillen, eine so willkommene Gelegenheit, Alles zu sehen, ist dir vielleicht sobald nicht wieder beschieden; darum gutes Wetter, um mit Musse Alles zu beobachten! — Um halb 11 Uhr fuhr ich weg, gleich hinter dem Amtshause längs der Traun, bei der Lend vorüber, geht es in einem engen Thale durch den Wald aufwärts; schöne Ahornbäume zieren die Gegend. Von da ging es in den Kessel vom alten Aussee; bunt geschmückte Wiesen und fruchtbare Aecker stellen sich angenehm dem Blicke dar. Hier sieht man zerstreute Höfe, zwar gut gebaut, doch meist vom Holz. — Ich liess Alt-Aussee rechts, und nun ging es bergauf den Salzberg hinan durch den Wald. Die Tafeln an der Strasse bezeichnen die Höhe, wenn ich nicht irre, bis Franzisziberg 116 Klafter. Höher liegt das Berghaus, wo ich abstieg; es ist von einigen Knappenwohnungen umgeben. Gleich wurde die Mappe vorgenommen; es zeigte sich, dass schon

stark gebauet sei. Der Salzstock liegt von Nordost nach Südwest. Nordwestlich liegt der Sandling;
die Decke ist bei 20 Lachter Kalkstein, dann
mehr der gehaltlose Thon; man hat bei dem
Feldort den Salzstock durchfahren, allein es
scheint, dass man, wenn weiter getrieben wird,
auf einen neuen stossen könnte. Die Wasser-
berge sind südlich getrieben, es sind ihrer 3—4;
Hauptberge 4—5. — Bei dem Berghaus ist der
Steinberg, den ich befuhr; in kleinen Wägen
wird man von Menschen hier gezogen; Anfangs
durch die Dammerde ist ein elliptisches Gewölb,
dann der helle Kalkstein, dann gezimmert durch
den Thon. Ich hielte es ökonomischer, die Haupt-
stollen zu mauern, weil der grosse Druck öfters
Erneuerung der Stempel erfordert. Ich befuhr
zwei Drittel des Berges, dann besuchte ich die
Wehre, sie hat 40 Stuben, die grösste hat 62.
Von da fuhr ich in einen Kreuzschlag, besah
einen Ablass, und dann wieder zum Tageslicht.
Der Reichthum des Berges ist sehr gross. Man
kann rechnen, die Hälfte reiches Haselgebirge,
die Hälfte rothes und gemischtes Kernsalz. Meist
ist keine Zimmerung, weil der Salzstock reich
und fest ist. An einem Orte wird Steinsalz
gebrochen; es wird die Breite von 6 Zoll und
1 Schuh tief geschrammet, dann die Säule mit
Keilen gelöset; sie hat die Höhe von $2\frac{1}{2}$ Klafter.

Es ist graues Salz. Weil der Berg so reich ist, so werden die Wehren nicht geräumt, es sind meist Dammwehren, mittels Winden wird alles heraufgezogen; Rollwehren sind nicht, weil der Thon nicht gut ist. Die Salzgattungen sind: graues Steinsalz, rothes, gelbes, Haselgebirge, Gips in Krystallen, rother Fasergips. Glaubersalz kömmt sehr viel vor, in den Wehren scheidet es sich in Kugeln durchsichtig und faserig ab.

Vom Berghaus sieht man gerade auf den Loser, der durch seine einem Kasten ähnliche Gestalt sich auszeichnet; dann auf das Schoberegg, ein Gemsgebirge. Auf dem Salzberg zeiget sich Eisen und Kupfer. Ich verliess das Berghaus, und wandte mich gegen Alt-Aussee. Das Dorf liegt schön zerstreut, auf der kleinen Ebene die Kirche zunächst dem See, den ich befuhr; er mag ungefähr eine Viertelstunde lang, eine breit sein; er ist sehr angenehm zu sehen. Wenn man gegen das Ende fährt, hat man den Loser zur Linken mit seinen schönen grünen Alpen; die Gebirge gegen den Wildensee, an ihrem Fusse eine Alpe vor sich, dann das Schoberegg (Trisselwand) mit seinen Wänden rechts; fährt man zurück, so erblickt man den schönen Kessel und die vielen Höfe; dann zuerst rechts den Sandling mit seiner Alpe, die niederen Waldberge, den Petschen, den steilen Saarstein, die Gebirge des Elends. Durch die Schlucht gegen die Koppen entdeckt man die Hallstädter Berge, den Krippenstein, Mitterberg und das grosse Eisgebirge (Dachstein) mit seinen hohen Gipfeln, welches ich später besuchen werde. — Die Abhänge der Berge sind hier waldig und voll Wände; der See soll über 100 Klafter Tiefe haben, er ist sehr reich an Fischen, vorzüglich an trefflichen Salblingen. — In Alt-Aussee gibt es Uhrmacher, die geschickt sein sollen, es sind Bergarbeiter. Die Kirche ist alt, aus dem 15. Jahrhundert.

Ich kehrte vergnügt über das Gesehene nach Aussee zurück, wo ich um 4 Uhr eintraf. Ich werde mir die Beschreibungen geben lassen, als Beilagen zu meiner Reise. Nachmittags, da ich nichts zu thun hatte, ging ich in die Kainisch hinüber, die Pfannhäuser zu besuchen. In Aussee selbst ist eine alte Pfanne, die jetzt ausgebessert wird. In der Kainisch sind eine alte und zwei neue auf Tiroler Art. Die alten sind so gut, als möglich war, verbessert. Eine Wärmpfanne ist dabei angebracht; sie haben einen Hut und lassen sich zuschliessen. Die neuen sind eine grosse und eine kleine, sie waren ganz nach Tiroler Art gebaut. Allein das Vorurtheil wollte, dass Niemand das Gute dieser Manipulation einsah oder einsehen wollte; statt des Sack-

und Fasssalzes, welches von allen fremdartigen Theilen befreit ist, musste wieder Stock- und Kübelsalz erzeugt werden. Dieses erfordert also zum Theil die alte Manipulation. Es wurde also an den Pfannen nichts geändert, nur die Beerstadt vertieft, weil dort die Stöckel gefüllt werden; die Ablaufkammern blieben, aber die Dörren auf den Eisenplatten fielen weg. Dafür wurde der Theil unter dem Heerde gewölbt und mittels eiserner Canäle der Feuerstrom geführt, und daselbst die Dörren angebracht. Bei den alten sind noch die gewöhnlichen Dörren und die Pfieselstädte gebräuchlich. — Schade, dass man den Nutzen der neuen Verbesserung nicht einsieht, und lieber festes Salz voll Magnesia, Glaubersalz und Gips erzeugt, als reines, bloss kristallisirtes! — Wann die Erfindung des Menz, die 1769 geschah, endlich wird eingesehen werden, weiss ich nicht, allein ich glaube nicht sobald. Die Verschwendung des Salzes und der Schmutz ist arg; — kurz, diese Manipulation ist gar nicht einzusehen. — Der Lohn der Arbeiter ist hier sehr gering, und es mangelt an solchen; überhaupt ein elendes Leben, welches Berg- und Pfannarbeiter führen; daher sind 100 und einige Soldaten zur Aushilfe, die im Wald und an der Pfanne arbeiten; sie haben 1 fl. (W.W.) und 6 kr. reluirte (Monturs-)Abnutzung. Die

Arbeiter haben Fassung und Salz; einige haben letzteres nicht und kamen darum bittlich ein. Es wurde ihnen, wahrlich sehr unrecht, abgeschlagen, denn jetzt nehmen sie sich es selbst und Niemand kann es hindern; denn wer kann überall, bei der Pfanne und Dörrstube sein und wehren, dass ein oder der andere 2, 3, 4 Pfund in ein Tüchel nimmt und fortschleppt? — Da dieses nicht zu hindern ist und ohnedies so viel verloren gehet, so wäre es besser, ihnen ein Quantum zu geben, wenigstens wäre die Moralität dabei nicht gefährdet. So etwas ist aber über dem Gesichtskreis der Herren Stubensitzer in Wien.

Die Eisenanbrüche werden nicht benutzt; sie sind nur insoweit belegt, als es nothwendig ist, das Recht nicht zu verlieren. Bei 60 bis 80.000 Centner liegen vorräthig; es ist doch Schade, dass dieses nicht benutzt wird. Das Salinenwesen erfordert viel Eisen, es wäre gut, ihnen zu befehlen, sie sollen so viel jährlich aufschmelzen, als sie bedürfen, um ihren Zeug, ihr übrig-nothwendiges Baueisen und ihr Pfannenblech zu erzeugen. Die Hammer, welche am Stein liegen, könnten es dann zu diesem Gegenstand verarbeiten, statt dass sie Jetzt Innerberger Flossen nehmen müssen, die wahrlich nicht immer von der grössten Güte sind. Die Erbauung eines Streckwerkes durch Walzen für die Pfannenbleche und dann die Errichtung der so künstlichen Maschine zu Hallein, um die Bleche zu schneiden, zu biegen und zu bohren, wäre vortrefflich, allein es ist etwas Neues, und daran denkt Niemand. — Leider musste ich sehen, dass hier, wie überall, obgleich im mindesten Grade, Unterbeamte gegen Oberbeamte Ränke spielen. — Unser unseliges System, wo man jeder Anzeige ein Ohr leihet, und misstrauisch stets zu Werke gehet, nährt dieses Uebel und hemmt alles Gute. Der hiesige Oberamtmann ist gewiss unser bester Hallurg, dabei ein gerader, ehrlicher Mann, dem nicht beizukommen ist, und dennoch muss er beständig kämpfen. Einige tüchtige Unterbeamte, als den Assessor Ritter und seinen Bruder, den Appold etc. hat er; aber auch einige, die nicht viel werth sind. — Hier herrscht allgemein die Klage über die Schemnitzer Zöglinge, dass sie wenig Praktisches verstehen, dazu mit einer ganz verdorbenen Moralität kommen. Dieses letztere hört' ich schon an andern Orten, und wäre ein Gegenstand, den der Staat in Erwägung ziehen sollte. Eine gleiche Klage herrscht über die hiesige Geistlichkeit; sie soll von keinem besonderen Werthe sein, der einzige Dechant ausgenommen. Ich hörte diese Klage in ganz Obersteier. Schon zehn Jahre lang ist kein Bischof in Leoben. Unentschlossen war man, wem man die Diöcese zutheilen sollte; das Consistorium bestand aus alten Domherren, die nach und nach ausstarben oder fünf gerade sein liessen; fremde Priester, meist unmoralisch, wurden angestellt. Kein Seminarium war da, als jenes in Graz, und die dortige Diöcese bedurfte gewöhnlich die meisten Zöglinge selbst! Daher manch' dumme Begriffe, mancher Aberglaube unter dem Volk. Seit einem Jahr gehören diese Kreise zum Grazer Bisthum, noch unentschieden, ob es so bleiben wird. Der Bischof bereiset und untersucht sie eben jetzt, wie wenig Freude wird er dabei erleben!

Die Aufhebung des General-Seminariums, eine weise Einrichtung des Kaisers Joseph, hat einen nachtheiligen Stoss verursacht. So geht es gewöhnlich mit jedem wahrhaft Guten. Zerstören ist so leicht, aber etwas besseres dafür aufbauen, ist ungleich schwerer; und so kommt es, dass wenn das erstere geschieht, der Zustand der Sache sich verschlimmert, weil man dann gar nichts mehr hat.

Den 19. August, als am Sonntag, war Ruhetag. Ich stand um 7 Uhr auf und ordnete alles für die erste Alpenreise. Um 10 Uhr war Andacht, darnach wurde mit den Beamten gesprochen, dann ging es in den Garten, wo gekegelt wurde. Um 1 Uhr Mittags wurde gespeiset, darauf des Waldmeisters Garten besucht, der

einige fremde Getreidearten pflanzt, und überhaupt mit der Oekonomie sich beschäftigt. Von
da gieng es auf den Schiessplatz, wo eben ein
Bestschiessen von 150 fl. war; es ward von
einem Kupferschmied bei Gelegenheit seiner
Hochzeit gegeben. — Der Schiessplatz liegt an
der Grundelseer Traun auf einer dem Dechant
gehörigen Wiese. Sie hat eine äusserst angenehme Lage. Von da besichtigte ich die Kirche.
In ihr ist nichts als das alte *Sacrosanctum*
merkwürdig. Die Spitalkirche mit einem alten
Altar und alten Gemälden soll viel älter sein;
so auch das Rathhaus, das von aussen bunt
bemalt ist. An der Pfarrkirche ist noch ein
Grabstein aus dem 15. Jahrhundert von einem
Herzberg. Dieser, so wie Finkenstein und Hoff-
mann waren ansehnliche Hausbesitzer in der
Obersteiermark, mussten aber das Land zur
Zeit der Religions-Unruhen verlassen. Man sagt,
des alten Herzberg's Hass rühre daher, leicht
möglich.

Nun ging ich nach Hause, wo ich auf
Morgen Alles bereit fand. Salzoberamtsrath Kner
von Gmunden war hier. Dieser gieng Nachmittags ab, um Anstalten in Hallstadt zur
Besteigung des Schneebergs zu machen. —
Gatterer, Verwalter zu Gstatt, kam ebenfalls,
und ihm trug ich auf, den weiteren Reise-

entwurf für die Oberennsischen Thäler zu machen. Er sprach mit mir von manchen merkwürdigen Gegenständen, die meine ganze Aufmerksamkeit spannten. Die Witterung zeigte sich schön, und wie so heiss und herzlich wünschte ich das, um meine Untersuchungen vollkommen bewerkstelligen zu können. In den Granitgebirgen hofft' ich schöne Dinge zu finden. Mit dem Bergverwalter zu Oeblarn sprach ich, und sagte mich bei ihm an, um das Kupferwerk zu untersuchen. — In dem hiesigen Archiv hab' ich nachgesucht; man hat die Original-Urkunde von der Eröffnung des Salzberges nicht, diese liegt im Kloster Rein, aber eine Abschrift befindet sich da, sie ist von Ottokar Herzog in Steyer 1162, wo er von der Eröffnung und den Pfannen in Ahorn spricht; ich habe sie abschreiben lassen. Ich gab den Auftrag, man solle alle älteren und neueren Urkunden, die auf die Geschichte dieser Gegend Bezug haben, für mich abschreiben; dann die kleine Karte copiren, die den Beweis liefert, wie elend die Militäraufnahme sei, da nicht einmal die Seen richtig angegeben sind. — Der obberührte Ritter soll die Berg-, Sud- und Waldbeschreibung, endlich die Sammlung der Produkte im Handgrossformat liefern; die übrigen Daten würden schon durch die circulirenden Fragen begehrt

werden. — Abends wurde geschwätzt, genacht-
malt und zeitig zur Ruhe gegangen.

Den 20. August. Der Tag brach an; dicke
Nebel deckten die Spitzen der Berge, und die
schwüle Luft liess auf schlechte Witterung
rathen; dieses hinderte mich nicht, froh aufzubrechen. In mehreren Wägen fuhren wir zum
Grundelsee; dahin ist von Aussee eine Stunde
zu gehen; die Traun bildet das Thal, zu beiden
Seiten sind höhere Berge, am Fusse derselben
reizende Hügel, auf diesen wieder viele zerstreute
Bauernhäuser; so anlockend hier die Gegend
ist, so schlecht ist doch der Weg. Den See
erblickt man kurz vorher als man dahin kömmt,
er ist sehr gross, anderthalb Stunden in der Länge,
eine halbe in der grössten Breite. Bei dem
Ausflusse ist eine Schwelle mit Thoren, um das
Wasser zu schwellen, wenn Holz getriftet werden
soll. Nicht ferne liegt des Fischmeisters Haus
mit den Schiffhütten. In dem Lusthaus, welches
er am See erbaut hat, ist zum Andenken, dass
der Kaiser da war, ein Bild, das die Gegend
und seine dortige Anwesenheit vorstellt. Der
Fischmeister, ein alter Mann, erzählte mir
selbst dieses. Ich fragte ihn, ob er den Kaiser
recht angesehen habe? Er antwortete, so nach
der Seite nur, er habe sich nicht getraut, weil
er dachte, der Kaiser hätte sagen können:

„haut diesen Menschen zusammen". Ich musste über seine Treuherzigkeit lachen. Hier schiffte ich mich ein, und nun gieng es dem See nach. Zu beiden Seiten erheben sich hohe Alpen, deren Abhänge waldig sind und das Holz für die Salzpfannen liefern; an ihrem Fusse liegen auf der sanfteren letzten Abdachung, und da, wo Seitengräber ihre Wasser dem See zuführen. Höfe; so auf dem nördlichen Ufer: Gasperlhof, Hopfgarten, Sperbihel, Steinwandl, Rösslern, Geiswinkel, Ladner, Schachen; auf dem südlichen und schattseitigen: In der Au, Wienern. Diese alle sind von ihren Grundstücken umgeben und haben ein schönes Ansehen. Nicht ganz bis zu Ende des Sees fuhren wir, sondern bei dem Ladner wurde abgestiegen; da warteten zwei Pferde zum Reiten, und die Träger, die das Gepäck übernahmen. Eine Stunde waren wir mit sechs Rudern gefahren. Verfolgt man den See bis zu Ende, so steigt man bei dem Gössler Grunde, wo mehrere Häuser sind, ab. Hier war eine Localie angetragen, wohlthätig wegen der Entfernung nach Aussee und der vielen Holzschläge, die in der Nähe sind, wo sich das ganze Jahr so viele Menschen aufhalten. Von Gössl kömmt man zu dem Taupliz-See (Toplitz-See); dieser ist eine halbe Stunde lang und nicht gar halb so breit. Von da muss man, wer Alpen

weiter besteigen will, durch Waldungen und
Ochsenhalten, dann das kahle Gebirg bis an den
Hoch-Kraxenberg, den man vom Salzamt in
Aussee ganz im Hintergrunde erblickt, und der
an der Grenze vom Stoder liegt. Zum Taupliz-
See führen Riesen. Dieser ist auch geschwellt,
und von diesem ein Wasserfluder zum Grundelsee geführt. Das Holz wird theils auf trockenem
Wege, theils im Winter auf den Schneeriesen
in Dreylingen zugebracht, und dann mittels
des Sees (und der Traun) bis zu den Pfann-
häusern geschwemmt. Vom Ladner geht es auf
einem Steig durch den Wald nach Schachen
(Schachner), dann gleich aufwärts auf die Gössl-
wand; auf halbem Wege gehet es über einen
Berg, der Schweiber genannt. Auf der Gössl-
wand ist der Holzschlag und eine Holzhütte.
Bis zu dem allen ist es vom Ladner eine
Stunde; der Anflug ist hier sehr schön; herrliche Bäume liegen gefällt, und ein vortrefflich
schöner Wald kam in die Arbeit. Immer steiler
ziehet sich der Weg aufwärts bis zu dem
Grausensteg, wo man die Waldungen verlässt;
es ist ein schmaler Steig, der an einer Wand
vorbei führt und von welchem man in die, eine
Viertelstunde, grade unterhalb liegende Alpe
Vordernbach sehen kann. Von hier ziehet sich
der Weg über die Alpenwände steil aufwärts

nach der Seite, unterhalb der Lahngangwand bis auf die Höhe. — Drei Viertelstunden sind es von der Hütte bis zu dem Grausensteg; eine halbe bis auf die Höhe und eine halbe durch schütteren Wald bis zu dem Lahngangsee. Dieser liegt von Wänden eingeschlossen eine halbe Stunde lang. Alpenpflanzen begleiten uns hier. Längst dem nordwestlichen Ufer geht der Steig; am Ende des Sees liegt die Lahngangalpe mit etlichen Hütten; ihre Weiden sind sehr uneben; von da ist es über Felsen eine Viertelstunde zum hintern (Lahngang-)See, und dann aufwärts eine halbe zur Elmgrube. Der dicke Nebel liess nur auf Augenblicke die Uebersicht der Gegend zu. Die Elmgrube ist eine Vertiefung, die eine Weide enthält; ihre Grösse mag eine Viertelstunde sein. Nordwestlich begrenzt sie der Salzofen mit senkrechten Wänden von mehr als 1000 Schuh; am Fusse ist ein steiler, aber grüner Abhang, wo herrliches Gras wächst; nördlich dem Ablassbichel ein grüner Sattel; dann das kahle Gebirge des Hochkogels: nordöstlich die Höhen gegen den Elmsee, ganz kahl, nur hie und da ist in den Spalten und an flachen Stellen Gras. Südöstlich der hohe Elm mit seinen felsigen Abstufungen; südwestlich die Scharte nach dem Lahngangsee. Hier hat die Waldregion ein Ende; krüppliche Lärchen,

Zirmen, Krummlärchen und Krummholz ist alles, was vorkommt. Ueberall blickt der Fels hervor, dazwischen Grasflecken. Auf die alte Hütte stösst man, ehe man in die Grube kömmt, auf der Höhe steht die neue, welche eben fertig wurde, eine gute Strecke weiter gegen den Lahngangsee zu; man hat von einer zur andern 10 Minuten zu gehen. In der Elmgrube ist eine Lache für das Vieh zur Tränke, und oberhalb eine Quelle; hier lagerten wir uns. Ein Theil besetzte die neue, ein Theil die alte Hütte, alles missmuthig über die schlechte Witterung. Gekocht wurde fleissig, und man vertrieb sich die Zeit, da die Gesellschaft gross war, mit Gesprächen. Hier in der Elmgrube ist nur eine Hirtenhütte. 21 Pferde werden aufgetrieben, diese bleiben bis Ende August; dann folgen die Ochsen, so lange, als es die Witterung erlaubt. Dazu gehören der Ablassbichel, die grosse Wiese, welche bis an die Wände der Hennaralpe reicht, dann die Elmwiese bis an das kahle Gebirge. — Ein Hirt wohnt hier. Er bekömmt für ein Pferd 2 Pfund Schmalz und alle Wochen 7 fl. (W. W.) für Alles. Er ist gewöhnlich 8 Wochen oben. Von Johanni bis Bartholomäi sind die Pferde da, die Ochsen bis zur Schneezeit. Der Hirt, ein kaiserlicher Arbeiter, gegenwärtig ein sicherer Franzl ist ein Original von einem Menschen; er

ist bei all' seiner, in den Gesichtszügen ausge-
prägten Einfalt, doch aufgeweckt und offenen,
munteren Kopfes. Sein Bild verdient abgezeichnet
zu werden. Ich bemühte mich, sein runzliches
Gesicht aufzufassen*); es ist durch Luft und
Rauch völlig braun. Die Plotschenblätter (*Rumex
alpinus*), die gelb werden, benutzte er zu Rauch-
tahak. — Abends um 8 Uhr wurde gegessen,
dann legten wir uns auf unser Stroh und
schliefen gut.

Den 21. August regnete es; es wurde also
Rasttag gemacht. Um nicht den ganzen Tag
in der Hütte zu bleiben, besuchte ich den Fuss
der Wände des Salzofens. Dahin ist eine halbe
Stunde zu steigen; dann ging ich längs ihrem
Fusse fort, dem Ablassbichel zu und wieder
zurück. Ich fand bei dieser Gelegenheit einige
merkwürdige Alpenpflanzen. Die Vegetation ist
hier ausserordentlich, 3 Schuh hohes Gras und
auf den wiesigen Abhängen dem Ablassbichel
zu sind alle Pflanzen sehr gross und wuchernd.
Nachmittags sandte ich meinen Jäger, den Salzofen zu besteigen und zu messen; ich wandte
mich dem Elmsee zu. Gleich von der Hütte geht
es rechts durch die Elmgrube, dann drei Viertelstunden bergauf und bergab über Felsen, in

---

*) Das Portrat dieses „Franzl" von des Erzherzogs Hand ge-
zeichnet, liegt dem Tagebuche bei.

deren Klüften Gras wächst. Unterwegs sind mehrere tiefe Klüfte, Löcher und Tümpel, wo ich einen Wasser-Salamander fand; dann das Wetterloch, aus dem bei jeder Wetterveränderung Nebel emporsteigt. Der Elmsee, eine halbe Stunde im Umkreis, liegt in einer Grube. — Eine auserlesene Weide ist hier, und das Thal ziehet sich noch weiter fort gegen das Rothgschirr und die Grenze. Der Elmsee dient als Einsetzteich für die Lahngangsalblinge, um bei der grössten Hitze gute Fische zu haben; es ist leicht zu fischen; auch nehmen hier die Fische sehr zu, nur vermehren sie sich nicht. Das Wetter wurde immer schlimmer, und ich kehrte den nämlichen Weg zurück. Einige von der Gesellschaft mit Geigen, und Bauern mit ihren Querpfeifen verkürzten uns die Zeit. Es wurde bald zu Bette gegangen. — Ueberall, wo nur etwas wächst, ist hier die Vegetation herrlich; alles könnte gemähet werden. *Cacalia (Adenostyles) alpina, Gentiana pannonica* sind allenthalben; dann *Phellandrium (Meum) Mutellina* in Menge; hie und da Marbel (*Luʒula campestris*); ersteres ist ein sehr gutes Futter. — Der dem Elmsee nächste Berg ist das Geiernest, sein höchster, aber leicht zu besteigender, Punkt ist der Hoch-Elm; ein Gleiches gilt vom Salzofen, der oben flach und ganz Weide ist.

Vom Elmsee ist es eine Stunde bis zur Röll, wo man hinab zum Almsee sieht.

Den 22. August. In der Nacht hatte sich ein Wind erhoben, und schon um 5 Uhr Früh wurden wir durch die Jäger aufgeweckt, die einen schönen heiteren Tag verkündigten. Da man das nicht hoffen zu dürfen glaubte, so war die Freude nun um so grösser. Wir machten uns auf den Weg, fest entschlossen, das Todte Gebirge zu besuchen. Was Jäger oder ein guter Fussgeher war, erhob sich, und nun ging es gerade zu über die Elmgrube den schönen grünen Ablassbichel hinan. Am Fusse desselben rauscht zwischen Felsen eine Quelle. Eine starke halbe Stunde geht es hinauf, dann der grossen Wiese zu. Heute sah man auf die Wände des Salzofens und bemerkte, dass er leicht zu besteigen sei. Anfangs der grossen Wiese rauscht ebenfalls eine Quelle hinab. Hier verliessen wir den Steig und wandten uns rechts gegen Norden in das kahle Todte Gebirge. Nun ging es über Felsen, durch Tiefen und über Höhen, den Tauben nach, so heissen aufgestellte Steine, welche die Richtung anzeigen, die man nehmen muss; über kahle Bretter und Wände 2 Stunden immer aufwärts, bis an das Hochbrett. Immer kahler und zerrissener wurde es, und wir klommen über Orte hinauf, wo

einzig sonst nur Jäger gewesen waren. Auf
dem Hochbrett hatte man eine Scharte erreicht,
durch diese geht es der (oberösterreichischen)
Grenze zu; auf derselben ist eine Höhle, die
Kirche genannt, links der Rabenstein, rechts der
Eilferkogel. Nun gieng es über die Wand etwas
abwärts, und mich traf es*), über einen Steig
an der Wand zu gehen, kaum einen Schuh
breit, unten eine grässliche Tiefe, oben über-
hängende Felsen; dann über eine Kluft eine
halbe Stunde weiter als die andern. Da lag zu
meinen Füssen der Almsee und das Haus, vor
mir die Ebenen des Landes ob der Enns. Senkrecht fallen hier die Gebirge ab, und nirgends
lässt sich hinabkommen. Wer nicht schwindelfrei
und geübt ist, dem rathe ich nicht diesen Weg.
Oestlich lag vor mir der Hochkasten und die Röll,
so genannt, weil immer Steine abbrechen und
abstürzen. In der Wand fand ich sparsam die
Valeriana elongata und die *Saxifraga sedoides*
wachsen; unterwegs den Bergknoblauch *Allium
sphaerocephalum.* — Den nämlichen Weg bis
an das Hochbrett kehrte ich zurück. Ich hatte
sieben Gemsen gesehen; nun kam die Gesellschaft zusammen, um etwas zu speisen; dann
gieng es über die Wand gerade hinauf nach dem
Rabenstein. Auf dieser Seite ist er noch am

---

*) Es scheint, dass eine Gemsjagd unternommen wurde.

21

leichtesten zu besteigen; aber von da, wo ich gewesen war, macht er Bretter, woselbst die Jäger baarfuss hinauf müssen, und dieses mit äusserster Lebensgefahr. Eine Stunde stiegen wir mühsam bis auf die Höhe; der Rabenstein wird so hoch wie der Salzofen sein; ganz kahl ist er und zerrissen. Von oben hat man eine herrliche Uebersicht über die ganze Alpenkette, die das Salzkammergut von Aussee umgibt, und über einen grossen Theil des Landes ob der Enns. Zu den Füssen liegen die Thäler des Almsees mit ihren waldigen Bergen, deren verschiedene Ab-stufungen man wegen der Höhe, auf der man ist, wenig merkt; dann übersieht man die Ebene hinaus nach Lambach, einerseits bis an die Donau, andererseits gerade gegen die Enns. Ich stieg noch eine Strecke weiter bis an den Rand, wo man nach den oberösterreichischen Thälern hinabsieht, hier blieb ich einige Zeit sitzen; dann ging es wieder zurück bei der Spitze des kleinen Rabensteins vorbei, über die Bretter hinab in das Stierkar und auf die grosse Wiese, den Ablassbichel und die Elmgrube, wohin wir fast drei Stunden zurück gingen; wahrlich äusserst mühsam, denn wir hatten keinen Steig. In der Elmgrube speisten wir und schliefen ziemlich ermüdet. Wer ein guter Bergsteiger ist, dem rathe ich diese Wüstenei zu besuchen. Ich hatte auf dem Rabenstein ein herrliches Schauspiel! So viele Quadratmeilen vor meinen Augen, unter mir kahle Ketten, weit und breit herum Tiefen und Höhen, keinen Vogel, kein lebendes Wesen hört man; die Nebel streichen unten und öffneten zuweilen die Uebersicht mancher Gegend. Diese Stille und Ruhe ist gewiss etwas Grosses. Ich hatte Gelegenheit, mehrmalen auf Alpenspitzen zu sein, und ich gestehe es, stets ungern trennte ich mich von ihnen. Jeder Gedanke an die grosse Welt, Jeder Kummer schwindet hier. Frei ist der Athem und man denkt sich auch frei, da man so hoch über die übrigen erhoben ist. Natürlich, dass der Alpenhirt und Jäger sich glücklich fühlen. Nichts vergällt einem da das Leben. Seinem Schöpfer näher erfüllt uns die Anschauung der Natur im Grossen mit himmlischer Empfindung, Müdigkeit sogar vergisst man bei diesem erhabenen Anblick.

In Aussee nennt man jenes Gebirge, welches das Kammergut vom Lande ob der Enns trennt, das todte Gebirge, und mit Recht. Es theilt sich in das Lobern-Gebirge gegen den Stoder, in die Grundelseer Gebirge, als die höchsten gegen Stoder und Almsee, in die Alt-Ausseer Gebirge gegen den Offensee und gegen Ischl. Von der Quelle des Salzabaches bis an den Rettenbach bildet es einen halben Mond; die Länge ist 5 — 6 Meilen in ebener Richtung, breit 4, 5—6 Stunden; ich will es eine hohe lange Bergebene nennen. Auf dieser erhebt sich der Hauptrücken mit seinen Seitenzweigen allenthalben durch Thäler und Tiefen durchschnitten; in diesen hie und da kleine Seen, Tümpel, gute Weiden, übrigens kahl, zerrissen, gefurcht, voll Löcher und herabgestürzter Steine, die von den Gipfeln sich ablösen; wenige Steige führen in denselben; nur da, wo Alpen (und dieses ist an den, den bewohnten Thälern zunächst liegenden Bergen) und wo Ochsenweiden sind, trifft man solche an, und diese sind schlecht; sonst sind keine Steige. Nur hie und da' zeigen den Jägern aufgestellte Tauben (dies sind kleine Steinhaufen von 10 — 12 Steinen pyramidenförmig aufgeschichtet) die Richtung, die sie nehmen müssen, um an jene Orte zu kommen, wo die beste Gelegenheit zu jagen ist; oft mangeln diese Tauben und dann zeigen die Fusstritte und Spuren genagelter Schuhe auf den Steinplatten den Weg. Ueberall sind diese Gebirge für den geübten Bergsteiger gangbar. Die Steinart ist Kalkstein; in Schichten von 2 und 1 Klafter bis 3 Schuh liegt er aufeinander von Norden gegen Süden, von Nordwest nach Südost unter einem Winkel von 20, 30—40 Graden. Da,

24

wo diese Schichten sich ablösen, bilden sich Klüfte, in diesen wachsen auf den Höhen sparsam Pflanzen. In den Tiefen liegt schwarze Erde und ist die Vegetation üppig. Auf den Schichten selbst lässt sich am besten gehen; auf ihrer Fläche, hier Bretter genannt, gleichfalls, da sie doch wellenförmig sind und der Fuss fest hält; Eisen halten hier nicht. Baarfuss oder mit Filz- und Strickschuhen muss man gehen. In den tieferen Gegenden wachsen sparsam: Krummholz, Zwergerlen, *Rhododendron hirsutum;* Lärchen, Zirben, Fichten sehr schütter.

An der Quelle der Salza erhebt sich das Geiskar; bei dem Langkar breitet sich das Gebirge aus. Gleich hebt sich der Rücken bis zu dem kahlen Kraxenberg, einem der höchsten um Aussee, umgeben von einer Wildniss. Von diesem senken sich Thäler, Vertiefungen, dann mindere Gipfel wie der Hochweiss, die weisse Wand gegen die Quellen der Salza und den Tauplizsee. Dem Kraxenberg folgt der Spitzingberg(?), der Hebenkas, Semmelberg, die Feuerthalberge; alles kahl und zerrissen; nirgends eine Hütte, nirgends ein Steig. Das Feuerthal selbst ist ein Kessel, der sich in den äussern, mittlern und vordern theilt. Dahin führt ein Steig, weil es eine gute Jagdgegend ist. Will man in die Wildnisse oberhalb des Tauplizsee, hinter welchem der kleine Kammersee liegt, und über die Quelle des Salzabachs gelangen, so muss man in die Holzschläge dieser Gegend gehen und von dort aus die Berge besteigen. Die Ausdehnung bis an den Kraxenberg und die Beschwerlichkeit des kahlen Gebirges erfordert viele Zeit.

Das Feuerthal umgiebt östlich der Feuerthalberg, auf diesem ist ein kleiner See; westlich das hohe Rothgschirr, so benannt wegen seiner rothbraunen Gesteine; südlich liegen niedere Höhen, nördlich zuerst das Schneethal, weil am Fusse des Rothgschirrs gewöhnlich Schnee im Schatten liegt. Am Ende desselben gelangt man zur Höhe, von wo man entweder in den hinteren Stoder hineinblicken, oder nördlich den Hoch-Priel besteigen kann. Westlich des Rothgschirrs liegt das Lauskarl mit einem kleinen See; es ist der Ursprung des Elmthales; in diesem bilden sich verschiedene Kessel; man kann (von Grundelsee aus) zuerst die Kessel der Lahngang-Seen, dann der Elmgrube, des Elmsees und der Elmwiese annehmen. Hinter dem Lauskarl liegt eine Schlucht, in der Röll genannt, in welche das Gebirg senkrecht zum Almsee abfällt; sie hat ihren Namen daher, weil beständig sich Steine ablösen und herabstürzen, unten liegt viel Schutt. — Nun zieht die Kette mit dem Scheiblingkogel, Hochbrett, Rabenstein, Woising nach Westen fort; diese Höhen bilden den, die Felsenkessel einschliessenden nördlichen Hauptzweig, den südlich in gleicher Richtung fortlaufenden vom Ablassbichel aus der Salzofen, Wildgössel etc. bis an den hohen Trisselberg oberhalb dem Alt-Ausseer See. Vom Woising setzt sich die Kette durch den Feigenthalhimmel und das Hirschkar (?) bis an die Scharte oberhalb dem Wildensee fort. Nun liegt eine Einsenkung, welche die Richtung von Nordost nach Südwest nimmt; sie besteht aus mehreren Kesseln, zuerst aus jenem des Wildensees; dann aus jenem, wo die Wildenseer Alpe liegt, dann aus den Tiefen der Augstwiesen und der Augstalpe. Eine herrliche Weide bis an die Scharte des Klopf, wo das Gebirge plötzlich gegen das nördliche Ende des Alt-Ausseer Sees abfällt. Zwischen dem Thale des Elmsees und der Elmgrube, und dem letztbeschriebenen, liegen viele Kessel und Gipfel westlich und östlich des Rabensteins, meist kahl, bis an das Hochbrett und bis an die Abfälle nach dem Lande ob der Enns. An den grünen Ablassbichel reihen sich zuerst in der Richtung nach West die grosse Wiese, die kleine Wiese, die Hennar-Kuhweide, dann die Alpe Hennar selbst mit ihrem kleinen See, und so gelangt man in die Augstwiese. Diese Kessel trennen felsige niedere Rücken von einander, südlich aber auf den Wildgössel folgt der Kniekogel, noch kahl, dann der Stiegenkopf, Redede-Stein (geröthete Stein), meist mit schönen Bergweiden auf den Abfällen. Grüne Einsattlungen führen südlich in das Bruderkar auf die schönen Breitwiesen und Brunnwiesen, wo Alpen sind; südlich von diesen erheben sich Gipfel, welche diese Alpen von dem Grundelsee trennen und steil dahin abfallen, als: der Klamkogel oberhalb dem Lahngangsee, dann die Siniwelwand, der Reichenstein, der Häuselkogel, Gsull (Sulberg) und Alpenberg, der Schönberg etc.; sie endigen mit dem Bergkar und Hundskogel gegen den Grundelsee, und mit dem Trisselberg gegen den Alt-Ausseer See, welche beide sich zuletzt durch niedere Waldgebirge und Hügel trennen.

Will man in die Elmgrube gelangen, so ist der Weg zu nehmen, den ich machte. Von da lässt sich überall hinkommen, wo man will; ich werde es später in meiner weiteren Reisebeschreibung zeigen. In das Feuerthal gelangt man entweder vom Tauplizsee aus, oder besser von der Vordernbachalpe auf folgendem Wege, als: Gemsgrube $1\frac{1}{2}$ Stunde, Sonnkar $\frac{1}{2}$ St., Ochsenkar $\frac{3}{4}$ St., Mitterkar abwärts zur Halterhütte $\frac{1}{2}$ St., Ofen $1\frac{1}{2}$ St., Feuerthal, äusseres Feuerthal 1 St., durch das mittlere, hintere und

Schneethal bis an die Grenze 2 St., oder von der Elmgrube zum Elmsee ¾ St. im Zagl ½ St., Rothkogel 1 St., äusseres Feuerthal ½ St. Von dem Schneethal über kahle Felsen kann man ohne Gefahr auf den Gipfel des Hoch-Priel im Land ob der Enns in 2 Stunden gelangen; Wildschützen besteigen ihn schon. Er ist der höchste in der ganzen Gegend; ihm folgen dann der Kraxenberg, das Rothgschirr, der Hochkasten; ich sah sie alle vom Rabenstein aus. Der Priel erhebt sich über alle, steht frei, und hängt mittels eines Sattels mit den Rothgschirr-Bergen zusammen. Rabenstein, Salzofen und Woising erheben sich nur über die andern in ihrem Bezirk.

Westlich der Tiefen, welche sich vom Wildensee bis an den Klopf ziehen, zwischen diesen und dem Thale des Retten- und Augstbaches erhebt sich eine hohe Gebirgsmasse, welche theils zu Steiermark, theils zu dem Ischler Bezirk im Lande ob der Enns gehört. Diese bildet wieder eine hohe Ebene voll Kessel und Schluchten, kahl und zerrissen; in den Kesseln aber sind gute Weiden, vorzüglich in jenen Theilen, die dem Retten- und Augstbach und den Alt-Ausseer Wänden zu liegen. Zuerst erhebt sich nächst dem Wildensee der grosse Augstkogel, einer der höheren im Ausseerbezirke; an ihm der kleine, dann der Scheibling, Wildkogel, Schönberg, dieser hat eine Zuckerhutartige Gestalt und übertrifft alle umliegenden, selbst den Augstkogel weit an Höhe, er ist kahl; alle sind leicht zu besteigen.

Diese Gebirge ziehen sich südwestlich zwischen dem Alt-Ausseer See und dem Augstbach und bilden den Schwarzmooskogel, Breuningrücken, der sich durch seine besondere abgeschnittene Gestalt auszeichnet, dann zuletzt den kastenförmigen Loser. Um diese letzteren liegen herrliche Alpen, als: die Breuning, Eggelgrube, Gschwandt und Augstalpe. Das Gebirge zieht sich nun nach dem Lande ob der Enns am rechten Ufer des Rettenbaches fort, wovon der Ursprung noch nach Steiermark gehört; da stehen der Wildkarkogel und der Schwarzenberg; mittels eines niederen Waldsattels hängt mit diesem hohen Gebirge der Sandling oder Salzberg zusammen, auf dessen Höhe die Sandling-, Pilzing- und Vorderalpe liegen; der Sandling fällt dann ganz ab, und das Gebirge bildet die niedern waldigen Berge der Petschen, über welche die Poststrasse führt; dann erhebt es sich wieder zu dem hohen Sarstein, der den Kessel von Aussee von dem Hallstädter See trennt und steil gegen die Schlucht der Traun abfällt. Dieser grosse Gebirgszug enthält folgende Alpen;

sie theilen sich in Vor-, Mitter- und Hochalpen, die zu verschiedenen Zeiten befahren werden:

Vordernbach mit 30 Hütten und Ställen.

Neustein ob dem Lahngangsee . 2 Hütten.

Lahngangalpe (Hochalpe) . . . 2 „

Gösselwand . . . . .30 (?) „

Zimitzalpe (am Grundlsee)

Breitwiesen (Hochalpe) . . . . 9 „

Brunnwiese (Hochalpe) . . . . 14 „

Hennar (Hochalpe) . . . . . . 24 „

Wildensee (Hochalpe) . . . . . 21 „

Augstwiese . . . . 23 „

Schoberwiese (zwischen Grundel-
und Alt-Ausseer See) . . . 14 „

Oberwasser (Voralpe) . . . . 5 „ } Sind für die, so
Steiner (Voralpe) . . . . . ⸰ . 4 „ } nach Wildensee
treiben.

Eggelgruben (Hochalpe) . . . . 3 „

Breuning (Hochalpe) . . . . . 12 „

Augst (Hochalpe) . . . . . . 16 „

Schwarzenberg . . . . 16 „

Rettenbach (Voralpe) . . . . . 21 „

Fludergraben . . . . 6 „

Blaa . . . . 8 „

Sandling (Hochalpe) . . . . . 18 „

Pitzing . . . . 5 „

(u. a. m.).

Das Gebirge zieht sich weiters von dem Ursprunge der Salza, dann östlich, und bildet die hohen Gebirge der Tauplizhochalpe, und jene, die das Ennsthal von dem Stoder und von Spital am Pyhrn trennen. Am Ende des Taupliz-Thales liegen ebenfalls Alpen und einige kleine

Seen; der Hoch-Melbing ist jener Berg, der sich dort an der Grenze am meisten erhebt und eine schöne Uebersicht gewährt. Südlich am linken Salzaufer und zwischen diesem Bache und dem Grundelsee ist das Gebirg nicht mehr so hoch und enthält Alpen, die zum Theil noch zu den Pflindsbergen, grösstentheils nach Hinterberg, den Gemeinden Ober- und Mitterdorf gehören.

Am 23. August begünstigte uns die Witterung ebenfalls; früh um 9 Uhr brach Alles auf. Nun ging es wieder über den Ablassbihel hinauf, durch die grosse Wiese, dann wandten wir uns dem Alpsteig nach der kleinen Wiese zu ; bei dem Wildgössel vorüber zu der Beschlagzirm, wo eine Einfriedung ist als Grenze zwischen den Alpentriften ; nördlich lag uns der Woising, südlich schöne Abhänge, grün bewachsen, eine herrliche Weide, bei dem Jägerbrunnen vorbei, über die Hennarer Kuhweide ging es jetzt, stets von einem Kessel in den andern, auf- und abwärts über Felsen, den Steig oft nicht sehend. Vier gute Stunden brauchten wir bis zu den Hennarer Hütten, welche in einer Vertiefung liegen. Die Fussgänger giengen über den näheren schlechten Weg durch den Hennarer Wald nach der Wildenseealpe. Ich folgte dem Reitsteg nach den Augstwiesenhütten um 1½ St. weiter, hier sind schöne Weiden und schon schütterer Alpenwald, Lärchen, Fichten, Zirben. Die Augstwiesenalpe hat eine der schönsten Lagen; die Hütten liegen auf einem Abhange, an ihrem Fusse ein grosser Kessel von einer Stunde lang, $\frac{1}{2}$ breit, ganz grün und die beste Weide; westlich die mit Krummholz bedeckten Wände; östlich grüne schöne Rücken, überall vom Wind geschützt. Allenthalben auf dem Weg traf ich Vieh an. Von den Hütten wandte ich mich nördlich aufwärts. Von Hennar bis zur Augstwiese 1 St.; von da 1 St. zu den Wildenseer-Hütten; diese liegen in einem Kessel zerstreut. Von den sie umgebenden Erhöhungen hat man die Aussicht auf das Hallstädter Schneegebirg. Hier konnte ich sehen, wie ausgedehnt dasselbe und wie hoch der Thorstein ist; weit über die Eisfläche erhebt er sich; ich schätze ihn auf 9000 Schuh. Hier sammelte sich die Gesellschaft und jeder bezog eine Hütte. Ueberall auf den Alpen fahren Mädchen auf; entweder haben sie das Vieh eines oder mehrerer Bauern zu versehen. Ein oder zwei Halter sind ebenfalls da, um das Schafvieh zu besorgen. Jede Magd hat die Aufsicht über 6—8 Kühe, 1—2 Schweine, 10—12 Schafe; hie und da sieht man Ziegen, die aber die Alpentrift der Waldungen wegen nicht verlassen sollten. Die Sennerin, in deren Hütte ich war, hatte das Vieh von 3 Bauern zu besorgen. Die Hütten sind von Holz, unten ist der Kuhstall, an beiden Enden der Eingang. Oberhalb das Vorhaus, wo der Herd ist; es bildet die Hälfte; die andere Hälfte, abgetheilt durch eine Wand, bildet die Milchkammer, und die Schlafkammer, in dieser ist ein gutes Bett; im Vorhaus ist noch der Trog für das Käsewasser, auch liegen hier die Geräthschaften. Ueberall fand ich die grösste Ordnung und bewunderungswürdige Reinlichkeit. Die Hütte ist von Aussen ganz mit Bretter-schindeln verkleidet, folglich warm. Das Vieh wird früh gemolken, dann ausgetrieben; es bleibt auf der Weide bis Abends, wo es zurückkehrt und wieder gemolken wird; zwei Mass Milch gibt es im Durchschnitte, in hölzernen Schüsseln wird sie aufbewahrt, eines jeden Eigenthümers Theil insbesondere; sie wird grösstentheils zu Butter benützt, aus dem Uebrigen wird Schotten gemacht, das Käsewasser ist für die Schweine; zum Buttermachen brauchen sie das gewöhnliche Werkzeug. Die Schafe werden ebenfalls gemolken und von der Milch wird Käse gemacht. — Die Milch ist gut und wirft viel auf, obgleich die Weide sparsam ist. Der Dünger wird täglich bei der Stallthüre hinausgeworfen nie benutzt; in den Voralpen schlagen sie ihn zu Zeiten zusammen und lassen ihn frieren, dann schleppen sie ihn zu ihren Häusern. Eine bessere Benützung, so wie im Zillerthal, würde den Ertrag der Alpen wohl auf das Doppelte bringen. Die Dirnen sind sehr fleissig; sie müssen Futter holen gehen für jene Tage, wo böses Wetter den Austrieb hindert; an den steilsten Stellen wird es geschnitten, und dabei geschieht manches Unglück. Die Mägde sind schlecht bezahlt, sie erhalten für das ganze Jahr 11 fl. und Schuhe, so viel sie verreissen. Ist die Alpenzeit glücklich, so erhalten sie eine Belohnung. Zu Hause erhalten sie Kost aber gar keine Kleidung, die jetzt doch auf 20 fl. kommt. Der Halter hat 40 kr. des Tages, so lang. er oben ist. Um Urbani treiben sie auf die Voralpen auf, um St. Veit auf die Hochalpe, wo sie bis zum kleinen Frauentag bleiben. Um Bartholomäi werden die Ochsen von den Halten abgetrieben; dann geht es wieder in die Voralpen bis der Schnee einfällt. Es gibt oben junge und alte Mädchen; in der Gegend von Aussee fand ich, dass sie am besten singen, drei bis vier Stimmen zusammen; es ist sehr angenehm zu hören. Ebenso merkwürdig ist das Zurufen von einer Alpe zur andern, und das Antworten in gedehnter, trauriger Melodie, dann das Juchzen. Die Alten haben die besten und stärksten Stimmen; ich fand solche, die schon 30 Jahre hier aufgefahren waren.

In der Haupthütte wird wöchentlich zwei Mal und an Feiertagen gebetet, weil sie zur Kirche zu weit haben. Ich setzte mich auf einen grünen Abhang ober meiner Hütte, da der Abend schön war, und sah zu, wie das Vieh zurückkehrte, jede Abtheilung mit ihren Glocken; das Geläute derselben, das Gebrüll, dann auch das Getön der Schafglocken, der frohe Zuruf der Dirnen machten zusammen ein herrliches Ganzes. Das Vieh ist mehr klein als gross, rothbraun, meist scheckig, sonst schön gebaut und zum Mastvieh geeignet. Abends wurde gesungen; die Dirnen von dieser Alpe schrieen zu jenen von Hennar hinüber, und diese wieder zurück. Zuletzt liess ich in einer Hütte geigen, wo denn Alles lustig wurde; sie tanzten weiss der Himmel wie lange. Die Tänze sind Obersteierisch und Pfannhauserisch; letzteres ist sehr geschwind. Dieser Tanz, sowie der Schwerttanz der Pfannleute hat den Ursprung aus alten Zeiten; damals, wenn die Pfannen ruhten und die Leute nicht bezahlt wurden, zogen sie in's flache Land und verdienten sich Geld durch ihre Spiele und Tänze. Um 10 Uhr schlief ich in meiner Kammer ein.

Den 24. August, um 5 Uhr, weckten mich die Kühe auf. Ich stand auf und sah den Verrichtungen der Dirnen zu. Sie fütterten, und ich liess mir bei dieser Gelegenheit einen trefflichen Rahm geben; dann wurde Schotten gemacht, die Gefässe gereinigt und das abfallende Waschwasser in den Trog für die Schweine geschüttet. Mit Freuden hatte ich gesehen, wie ordentlich sie hier Alles treiben, und ich bin überzeugt, dass es leicht wäre, die Eigenthümer zur besseren Benutzung der Alpen durch Verwendung des Düngers, durch Einfriedung der Wiesen zu bringen.

Um 9 Uhr packten wir Alles zusammen; die Träger hatten wir Tags vorher abgeschickt, und jetzt übernahmen die Dirnen unser Gepäck. Sie nahmen alles auf den Kopf und schritten rasch vor uns, neun an der Zahl; vier blieben bei den Hütten zurück. — Wir folgten dem Alpensteig hinab in die Augstwiese, dann entlang derselben; ein herrlicher Boden ist hier. Ich bemerkte da, was ich auf diesem ganzen Gebirge gesehen hatte, Quellen, die in diesen Kesseln entspringen, sie durchströmen, und dann am Ende sich in den Steinen wieder verlieren. Zugerufen wurde wieder von den Dirnen auf die Augstwiesenalpe und geantwortet. Am Ende der Wiesen geht es steil aufwärts über Felsen. Ueber drei solche Riegel muss man aufwärts steigen bis man die letzte Höhe erreicht, von welcher man hinabsieht. Schön ist der Anblick!

Gleich geht es abwärts und längs der östlichen Wand steil hinab; da, wo sie überhängt, einige hundert Schritte unter dem Sattel, ist unweit ein grüner Fleck; hier wurde Halt gemacht und etwas gegessen. Bezaubernd schön ist die Aussicht hier; unten ein waldiges Thal, links von den Wänden des Trisselberges, rechts von der weissen Wand eingeschlossen, am Ende des Alt-Ausseer See und an demselben die schön bearbeiteten Hügel der Gemeinde gleichen Namens, voll von Höfen; im Hintergrund der Sarstein und das Thal der Traun. Alles schliesst wieder das hohe Schneegebirge mit seinen wilden Umgebungen ein; ein schönes, aber schwer zu zeichnendes Bild! — Von hier geht es steil abwärts bis zur Oberwasseralpe, welche schon im Walde liegt. Von da ebenfalls zur Stummer-Alpe, dann bis zu dem See ist der Weg sehr einförmig. Hier wartete auf uns das Schiff. Vom Wildensee ist eine Stunde zur Augstwiese, $\frac{1}{2}$ St. bis zum Fusse der Höhe, $1\frac{1}{2}$ St. bis zur höchsten Höhe, 3 St. bis zum See. Hier sammelte sich die Gesellschaft; ein Theil bestieg das eine Schiff, die Musiker das andere. Die Dirnen entliessen wir, sie kehrten sogleich wieder zurück, in $\frac{1}{2}$ Stunde waren wir in Alt-Aussee, dann ging's zu Wasser nach Hause, äusserst vergnügt über die erste vollbrachte Alpenreise.

An diesem Tage verpackte ich die Pflanzen und ruhte aus.

Den 25. August. Früh wurde das Tagebuch geschrieben. Die Barometer-Höhen, die ich erhielt, sind folgende:

	Stunde	Bar.	Ther.
Den 19. Aug. Aussee	6 Abends	314¼	17¼
„ 20. „ do.	½ 7 Früh	315½	15
„ 20. „ Ladner	9 „	314¼	15
„ 20. „ Lahngangsee	³/₄ 12 „	286¼	13
„ 20. „ Elmgrube	³/₄ 3 Nachm.	281¾	12
„ 21. „ Ablassbihel	4 „	273	10
„ 21. „ Salzofen	½ 6 „	264	7
„ 22. „ Hochbrett	¼ 2 „	271	18
„ 24. „ Wildenseealpe	7 Früh	283¾	10½

Pflanzen, die ich kannte, sind folgende. — Wenn man den Weg zur Elmgrube nach Elmsee macht, dann den Ablassbihel, Salzofen, und einen jener kahlen Berge besieht, so hat man Alles gesehen, weil auf den übrigen Alles gleich ist. Ich fand:

Veratrum album.
Cacalia alpina.
Parnassia palustris.
Cricus spinosissimus.
Gentiana pannonica.
    — acaulis.
    — prostrata.
    — verna.
Dianthus alpinus.
Silene acaulis.
    — rupestris.

Erigeron alpinum.
Achillea clavennae.
    — atrata.
Potentilla aurea.
    — clusicana.
Anthemis.
Anthura meum.
Valeriana montana.
    — saxatilis.
    — tripteris.
    — elongata.

Saxifraga aizoon.
— sedoides.
— caesia.
— rotundifolia.
— burseriana,
— autumnalis.
Veronica aphylla.
Salix retusa.
— recticulata.
— Jaquinii?
Arnica scorpicides.
Drias octopetala.
Astragalus.
Tussilago alpina.
— discolor.
Geum montanum.
Ranunculus alpestris.
Campanula alpina.
— pulla?
Alchemilla alpina.
Aconitum lycoctanum.
— tauricum.
Bartia alpina.
Lepidium alpinum.
Primula integrifolia.
Allium sphaerocephalum?
Anthyricum alpinum.
Pedicularis rostrata.
— verticillata.
— recutita.
Sedum rubens?
Sempervivum hirtum?
Hieracium aureum.
— villosum.

Arabis alpina.
Senecio abrotanifolius.
— ericaefolius.
Scabiosa silvatica.
Helopias borculi.
— agrestis.
— rupestris.
Poa alpina.
— vivipara.
Phleum alpinum.
Poa laxa.
Juncus trifidus.
Carex nigra.
— feruginea.
Campanula pusilla.
— rhomboida.
— linifolia.
Gnaphalium dioicum.
Phyteuma orbicularis.
Scabiosa norica,
Heracleum austriacum.
Myosotis scorpioides.
Thymus alpinus.
Biscutella laevigata.
Buphitalmus salicifolium.
Ochis viridis.
— conopsia.
Solidago virgaaurea,
Poligonum viviparum.
Betonica alopecureos.
Centaurea montana.
Chrysanthemum Halleri.
Carduus defloratus.
Gypsophylla repens.
Cistus serpillifolius Scopoli.

Nachmittags ging es durch die Kainisch hinaus auf den Torfplatz; er befindet sich am Bache gleichen Namens, schon in der Ebene, nächst Oberdorf. Seine Ausdehnung am Fusse des südlichen Gebirges mag eine Stunde betragen; eine halbe Stunde weiter liegt an demselben der Oedensee; schöne Waldungen decken die Abhänge. Das Gebirge heisst das Elend und enthält Alpen; es gehört zum Zuge des Schneegebirges. Der Torfgrund ist schon seit 60 Jahren benutzt. Krummholz und Eriken zeigen ihn an. Abzuggründe führen das Wasser davon ab. Er ist leicht zu benutzen, da er erhoben liegt und tiefere Stellen dabei sind; die dazu gehörigen Hütten und Magazine sind zweckmässig angebracht und gut gebaut. 30 Menschen arbeiten hier. Im Winter, wo die Arbeit steht, werden die Vorräthe zu den Sudhäusern gebracht und dort zu den Dörren und neuen Pfannen verwendet. Unter dem Torf ist der weisse Thon, dann der blaue, endlich Schotter. — Ich fuhr von da zu dem Adlerbauer in Oberdorf; er hat sein Haus auf der Schattenseite liegen, acht Joch herum, etwas an einer Gemeinweide und Alpe; ich fand an ihm einen gutmüthigen, eifrigen Mann, und die besten landwirthschaftlichen Bücher bei ihm; er macht Versuche, und wahrlich sein Eifer verdient um so mehr Unterstützung, da er mit den Vorurtheilen und dem Neid seiner Nachbarn zu kämpfen hat; er ist der Erste, der den Erdäpfelbau im Grösseren treibt; da er halb Moorgrund, halb Lehm hat, so hat er ersteren mit Kalkschutt, den zweiten mit Moorerde verbessert. Drei Stunden hielt ich mich bei diesem seltenen Menschen auf und liess mir Alles zeigen. Ich fand viel Vernünftiges, Zweckmässiges und Wissenswerthes. Ich werde ihm Werkzeuge, Samen und Anleitung senden, er verdient es. Ein braves Weib mit acht Kindern, worunter fünf Dirnen und drei Buben, machen sein Haus. Er hält ordentlich über Alles Buch und zeichnet Alles auf, was er unternimmt. Ich durchging es und fand manche nicht unwichtige Bemerkung notirt. Vergnügt kehrte ich nach Aussee zurück, wo ich um 7 Uhr anlangte.

Noch muss ich Folgendes nachtragen: Das Salzkammergut besteht eigentlich aus zwei Theilen, aus jenem Theile, dessen Wässer — der Augstbach, der Kainischbach, die Ausseer und Grundelseer Traun — der Traun zufliessen und vier Thäler bilden, und aus Jenem, dessen Wässer als Salza durch den Stein der Enns zueilen. Ersterer bildet den Kessel von Aussee, letzterer die Hochebene von Oberndorf, Mitter- und Unterdorf; der Ausfluss des Salzabaches geht durch den engen Stein zwischen dem Kamp und Grimming. Das Elend- und Kemetgebirge umschliessen es westlich, sie gehören zum Schneegebirge und enthalten Alpen; über seinen Gipfel geht die Grenze des Landes ob der Enns; südlich liegt der Kamp oberhalb Gröbming, dann der Grimming mit seinem langen schneidigen Rücken; erst von der Ebene von Kainisch sieht man, dass das todte Gebirge höher ist. Der Grimming besteht aus zwei Theilen, die durch einen scharfen Grat vereinigt werden. Auf der nördlichen Seite des westlichen Theils sind Gründe, Weiden und Alpen, die andere ist kahl. Am Stein oberhalb Grubegg liegen die Eisenhämmer und unweit davon eine warme Schwefelquelle, die ganz verwahrlost ist und bloss von den Einwohnern gegen Ausschläge zum Baden benutzt wird.

Schliesslich muss ich die Beamten loben. Der Chef Hofrath Lenoble ist einer der ersten Hallurgen; unter ihm steht der Assessor Ritter, ein sehr geschickter Mann; Abburg, Rentmeister, Erlach, Pfleger, und Anton Ritter, ein Bruder des Ersteren, sind verwendbare Männer; sie leben in bester Eintracht. Das Volk ist im Ganzen gut, fleissig, aber noch sehr voll von Vorurtheilen. Ein Caplan, ein Renommist, Pater E.... aus Paderborn, hat viel Schaden gemacht; er ist des Landes verwiesen worden, und doch hängt das Volk an ihm, da er ihm, besonders den Weibern, das gepredigt und gethan, was sie gerne hören; nur die Zeit kann solche Uebel bessern. Der Dechant ist ein ehrwürdiger Priester, steht aber jenes Menschen wegen in wenig Ansehen. Sein neuer Caplan ist ein Ungar. Schade, dass er hier modert; wäre er in einer Stadt, wo er sich in feineren Cirkeln ausbilden könnte, so würde aus ihm etwas Gutes werden, er ist ein heller Kopf und sehr wissbegierig. Morgen geht die Reise weiter.

Sonntag den 26. August. Erhielt des Morgens Schriften von zu Hause mittelst der Post nebst Briefen; ich beantwortete alle, sandte die Pflanzen und was ich bisher gesammelt hatte, ab, dann wurde gepackt und Alles zusammengerichtet für die grosse Reise. — Lenoble theilte mir die Abhandlungen der böhmischen Privatgesellschaft mit. Bohatsch's Reise im oberennsischen Kammergut war mir sehr interessant, vorzüglich in botanischer Hinsicht; sie umfasst drei Bände. Um 12 Uhr speisten wir, dann nahm ich herzlichen Abschied von Lenoble und seiner Frau, die in der That wahrhaft gute Menschen sind, und nun ging es nach Hallstatt; zuerst zu den Salzpfannen in der Kainisch, ich beschrieb sie vorher; sie sind darum sehr gut gelegen, weil alles Holz aus dem Kammergut dahin auf dem Wasser gebracht werden kann. Von da geht der Weg längs der Traun auf ihrem linken Ufer fort, meist durch den Wald aufwärts; auf der Höhe des Koppen ist die Grenze, der Weg ist schmal, aber gut erhalten; zwei Stunden rechne ich bis zum jenseitigen Abhange. Unten in der Tiefe sieht man die Traun, jenseits die steilen Abhänge des Sarsteins; bei der steinernen Mauer, welche die Strasse hält, auf der Höhe ist etwas unterhalb in einer Riese das Pillerloch, wo im Frühjahr und nach starkem Regen Wasser hervorströmt. Abwärts geht es sehr steil, dann über die Traunbrücke, und nun eben fort. Die hohen Berge, die südlich den Hallstätter See begrenzen, erblickt man vor sich. Der Weg in der Fläche geht durch Auen und an schön bebauten Gründen und niedlichen Häusern vorüber. Obstbäume gibt es viele. Diese Wohnungen, die bis an den See sich erstrecken, bilden die Gemeinde Obertraun. Ich schiffte mich ein und fuhr über den schönen Hallstätter See, gerade der Lahn zu, wo die Salzpfanne steht. Die hübschen kleinen Höhen von Grub, die steilen Wände, die hohen Alpen, das schöne Thal der Lahn mit dem Amtshaus und den Pfannen, das krippenförmige Hallstatt am See, an der Lehne des Gebirges, die waldigen Abhänge, der oberhalb stehende Rudolphsthurm, der Salzberg und der kahle Plassenstein gewähren einen ungemein reizenden, malerischen Anblick. Es war das schönste Wetter und der See vollkommen ruhig. Eine halbe Stunde fuhr ich hinüber; ich stieg aus und ging durch die Pfanne, welche ganz nach der alten Art benutzt wird. Ich bestieg ein Pferd und ritt durch das Thal fort; die hier liegenden Häuser mit ihren Gründen heissen Ehern. Eine Stunde zählt man bis zu dem Ende, wo es etwas steil aufwärts längs dem Waldbach geht. Rechts ist der Staubbach, jetzt arm an Wasser, der über eine Felsenwand abstürzt; links der Dörrenbach, weil er nur nach Regengüssen Wasser führt. Am Ende des Thales erreicht man den Wasserfall des Wildbaches Strub. Durch eine Klamm stürzt sich der wasserreiche Bach und rechts davon fliessen zwei Arme über die Wand. Die Gegend ist wild, der Bach hat viel Wasser; weit schöner muss er noch sein, wenn oberhalb die Klause geschlagen wird und Holz mitkommt. Den nämlichen Weg kehrte ich zurück. Bei der Pfanne wandte ich mich links, längs dem See, durch den Markt; auf schmalen Steigen gelangt man durch denselben; die Häuser sind übereinander gebaut, so dass man bei einigen bei dem Dache hineingeht. Sie sind gewöhnlich zwei bis drei

Geschosse hoch. Mitten im Markte fällt der Mühlbach herab und treibt Mühlen; er kommt vom Salzberge und wird dann verdeckt in zwei Canälen weiter geleitet. Die Abhänge sind mit Wald bewachsen, welcher nicht abgestockt wird; er schützt gegen die Schneelehnen; allein jährlich gibt es Arbeit, die sich lösenden Felsenstücke, die herabzustürzen drohen, wegzubringen oder zu unterstützen. Der Markt ist gross, meist bewohnen ihn Arbeiter, folglich wenig wohlhabende Leute. Die Beamten sind in dem Amtshause untergebracht. Ich stieg bei dem Marktrichter Seeauer ab, welcher von dem guten Hause Seeau, welches hier seinen Ursprung hat, abstammt. Von dem Fenster übersieht man den See; die guten Zeichner Steinkopler und Empleitner sind nicht mehr. Ich lernte dafür den Cassencontrolor Glück kennen, einen würdigen alten Mann, der sich mit der Naturgeschichte seines Bezirkes abgibt, er hat bereits ein Werk im Manuscript vollendet und versprach mir eine Abschrift davon. — Naturgeschichte, Physik, Mathematik sind seine Lieblingsbeschäftigungen neben seinen beschwerlichen Amtspflichten, die ihm den ganzen Tag rauben. Sein Herbarium und seine Abbildungen der hier wachsenden Pflanzen sind sehr schön. Der Verweser hatte für mich einen kleinen Auszug ihrer guten Karte machen lassen für jene Theile, die ich bereisen wollte, dabei alle Berge trigonometrisch bestimmt. Es wurde also beschlossen, den andern Tag aufzubrechen, um das merkwürdige todte Gebirge zu besuchen. Meine Gesellschaft, einige Herren von Aussee, die zwei Ritter, der Verweser, Waldmeister, Glück waren jene, die dazu bestimmt waren. Es wurden Reitpferde nach Winkel gesendet, die uns hinaufbringen sollten. Um 9 Uhr ging Alles zu Bette.

Montag, den 27. August. Ein herrlicher Morgen! Um 6 Uhr bestiegen wir das Schiff; vor uns lagen die Bergspitzen beleuchtet, zuerst bei der Lahn der Hirlatz mit seiner grünen Schlucht, dann der Zwölferkogel etwas niedriger, ferner der rauhe Kogel, der Krippenstein kahl und steil, endlich der Däumelkogel. Diese liegen am Rande der Abhänge gegen den See und gehören zu den höchsten. In Winkel stiegen wir ab, und es fand sich, dass der Weg gar nicht zum Reiten war. Langsam stiegen wir nun am Fusse des Krippensteins hinauf, Anfangs durch den Wald, dann durch den Holzschlag; der Steig geht steil; immer mehr entdeckt man von dem See, dann erblickt man Hallstatt, den oberhalb liegenden Rudolphsthurm, das grüne Thal des Salzberges mit den Berggebäuden, dann in der Entfernung das Thal von

Goisern und die dahinter liegenden Gebirge; rechts der Kessel von Alt-Aussee mit dem sich mächtig erhebenden Loser und Wildenseer Gebirge gewährt einen sehr angenehmen Anblick. Drei Stunden geht es immer aufwärts, bis man den Krippenbrunn erreicht hat. Dieser liegt am Fusse des Krippensteins; da wendet sich dann der Steig in das Gebirge immer höher aufwärts; Krummholz und Alpengewächse werden angetroffen. Durch eine Schlucht, dann über eine Höhe nach zwei Stunden gelangt man nach Gjaid. Vorher hat man auf dem Wege zwei Hallstätter Alpen zu durchschreiten, die aber unbedeutend sind. Auf der Höhe vor Gjaid erblickt man das hohe Schneegebirge (Dachstein); erst da kann man sich überzeugen, wie hoch dasselbe ist. Ich folgte dem Steig in den Kessel abwärts, wo die Hütten sind. Zwei Sennerinnen von der Ramsau bei Schladming waren da. Gjaid hat einen hübschen Boden, in der Mitte einen kleinen Sumpf, weil das von den Quellen zuströmende Wasser keinen Abfluss hat. Hier liegen kahle Höhen; von der Störerhütte, wo ich war, konnte ich vor mir die Wand des Gjaidstein und des hohen Kreuzes, oben von grossen Schneeflecken bedeckt, sehen. Die Höhen sind kahl, in den Klüften und Tiefen aber wachsen viele Futtergräser, mehrere Hütten liegen noch da, wovon einige verfallen sind.

Nachmittags bestieg ich einen etwas nördlich gelegenen Hügel, von welchem ich das Schneegebirge überblickte. Vor mir lag der Gjaidstein, das hohe Kreuz, dazwischen der Eisberg (Dachstein) ganz mit Schnee bedeckt, hie und da blau, am Ende aber ganz graublau, voll von Klüften, eine Wand bildend mit einer Aushöhlung, wo das Wasser hervorströmt; dann kahles Gebirge; auf diesem der Schober (Schöberl), seiner Gestalt wegen so genannt. Unten eine halbe Stunde liegt das Taubenkar, von Gjaid 1 ½ Stunde zu gehen. Diese Alpe ist verlassen und wird bloss von Geltvieh besucht wegen Mangel an Holz zum Hüttenbau. Im Gjaid liess ich mir von der Sennerin die ganze Wirthschaft beschreiben. Abends waren Geiger und Pfeifer da, und von Schladming kamen Bauern mit ihren Alpenhörnern (Wurzhörnern). Sie sind wie Posaunen gemacht, von Lärchenholz und mit Bast umgeben und geben einen reinen, angenehmen, aber zugleich traurigen Ton. Das Blasen der Schwegel, das des Hornes und das Ludeln (Jodeln) der Senninen, die es vortrefflich können, ist in einem Gebirge, wo es allenthalben wiederhallt, einzig in seiner Art. Abends um 9 Uhr begab ich mich zur Ruhe.

Den 28. August, früh um 9 Uhr, ging es weiter durch Schönbichel, zwei Stunden, bei

Modereck vorüber, Laken (Lakenmoosalpe) links lassend; hier sieht man auf den dritten Eisberg, der zwischen dem Gjaidstein und Eselstein, dann dem Landfriedstein sich hinzieht; er liegt nur eine Stunde entfernt. Unweit davon ist Steiermarks Grenze, von da bis auf die Höhe zwischen dem Eselstein und Sinabell ist es noch drei Stunden. Stets aufwärts geht es und immer über kahle Berge durch Felsenkessel; zuletzt blickt man hinab in ein Thal, in dem ein kleiner See liegt; dieser war einmal ganz leer, jetzt ist er wieder voll; er liegt ebenfalls von einem ganz tiefen Kessel eingeschlossen; zuletzt geht es über den Krazer, das ist über steile Felsen einen sehr schlechten Steig zur Höhe hinauf, wo wir um halb ein Uhr anlangten. Die Aussicht ist herrlich; im Norden erblickt man alle Ischler Gebirge, die ganze Fläche des eben durchschrittenen Gebirges, dann östlich alle Ausseer Gebirge, über alle den Hoch-Priel, die Gebirge bis Admont, den hohen Grimming, die Kette der Granitalpen von dem Seckauer Zinken bis an die Schladminger Berge und von da bis an jene des Pinzgaues mit ihren Fernern; die Uebersicht ist ausserordentlich; könnte der Dachstein erstiegen werden, so wäre dieses Bild vielleicht eines der schönsten. Schon von hier kann man sehen, dass alle südlich der Enns gelegenen

Gebirge Granit und Glimmerschiefer sind; alle grün, bis an ihre Scheitel zuckerhutähnlich, sanfter verlaufend, nur hie und da Wände; hoch erhebt sich über alle der Hochgolling und die Wildstelle in den Schladminger Bergen, voll von Schneeflecken, die das ganze Jahr bleiben, obgleich ohne Eis; doch werden sie dem Dachstein wenig nachgeben. Von der Scharte sieht man die ganze Ramsau, Schladming und die schönen, bebauten Höhen vor sich liegen; ein wahrhaft majestätischer Anblick; drei Stunden geht es sehr steil abwärts über einen schönen grünen Riegel, anfangs als Schafweide benützt, dann über lockeres Gebirge, endlich eine kurze Strecke durch den Wald. Die Ramsau ist eine Hochebene, deren Wässer östlich abfliessen, sie ist flach und schön, alle Höfe zerstreut mitten in ihren Gründen gelegen, Alles verzäunt, hie und da gute Weiden mit Ahornbäumen besetzt; an den Zäunen Eschen, die Wohngebäude, halb Stein, halb Holz, gross, reinlich, zweckmässig, mit schönen Scheunen, die Landleute selbst wohlhabend. Sie treiben hier folgenden Anbau-Wechsel, als: Korn gedüngt, Hafer, Weizen mit Klee, gedüngt, drei Jahre Klee, die Frucht ist hoch und reich, der Klee üppig; nur die Fröste und der Reif schaden ihnen, so dass sie sagen, eine Frucht pflege

ihnen immer zu missråthen. Der Flachs ist
vorzüglich gut. Frührüben, Erdäpfel, Kraut wird
nach Bedarf gebaut. Das Vieh ist braun gefleckt,
gut und schön. Die Bauern haben ihre Alpen
auf dem Stein und in den Schladminger Thälern.
Inmitten der Hochebene liegt das evangelische
Bethaus, schön gebaut, an demselben die Wohnung des Pastors; grösstentheils ist die Gemeinde
der Augsburgischen Confession zugethan. Zu
Kulm, eine halbe Stunde davon, liegt die katho-
lische Kirche; sie ist von einem Schladminger
Gewerken erbaut worden. Der Menschenschlag
in der Ramsau ist gross und schön und mehr
gebildet, eine Folge ihrer besseren Schulen.
Sie leben zufrieden und beide Confessionen mit
ihren Hirten in ungestörter Eintracht und Liebe;
sie zeichnen sich durch Fleiss und Betriebsam-
keit weit vor anderen aus; dabei sind sie fröhlich.
Der Unterhalt des Pastors kommt der Gemeinde
auf 1200 fl. zu stehen; Schade, dass er nicht
ebenfalls vom Religionsfond besoldet wird. Der
Pastor ist ein gebildeter Mann, der Geistliche
ein guter alter Mann, der schon viele Jahre hier
ist. Von der Ramsau, wo ich mich einige Stunden
aufhielt, geht es, da sie beträchtlich höher liegt
als Schladming, erst über einen waldigen Hügel,
dann steil hinunter. Müde kamen wir Abends in
Schladming an und gingen erst um 10 Uhr zu Bette.

Der Stein, das Schneegebirge, Todtengebirge, die verwunschene Alpe, Namen, welche dieser grossen Kalkmasse gegeben werden, ist eines der merkwürdigsten Gebirge, die ich noch gesehen. Sein Umfang ist gross, die Oberfläche weit ausgedehnt. Das Eisgebirge bildet die höchste Kuppe; es liegt am westlichen Ende, senkrecht fällt es gegen Salzburg ab, und die höchste Kuppe, der Thorstein (Dachstein), bildet die dreifache Grenze; unten liegt das Filzmoosthal, von dieser Seite wurde es noch nie bestiegen. Von diesem Gipfel trennen sich mehrere Zweige, der erste bildet die Schneebergwand, den Reissgang, die Grosswand etc. und trennt das Gosauthal von dem Salzburgischen, hoch und zerrissen anfangs, dann alpenreich; der zweite geht vom Dachstein aus, bildet die Wände des hohen Kreuzes, den Ochsenkogel, zieht sich dann tiefer senkend zum Plassen und bildet die Berge, welche das Gosauthal vom Hallstätter See und von dem Waldbach trennen, meist waldig bis auf die ersten Berge und den Plassen, unter welchem der Salzberg liegt; der dritte Rücken ist jener, der den Kamm des Schneegebirges bildet, vom Thorstein abfällt, dann den Gjaid- und Eselstein und den Koppenkarstein bildet; der vierte zieht sich als eine hohe Wand senkrecht, südlich gegen das Ennsthal abfallend bis an den hohen

Kamp, wo er gegen den Salzabach und den
Stein abfällt. Dieser Rücken setzt dann nördlich
fort, bildet das Kemet- und das Elendgebirge
bis an die Traun, wendet sich dann westlich
immer als eine Wand oberhalb der Traun und
bildet den Speikbergkogel, den Krippenstein und
das Krippeneck, den Zwölferkogel, den Hirlatz
und schliesst sich wieder gegen den Ochsenkogel; gegen den Hallstätter See senkrechte
Wände; dieser letzte eben beschriebene Zug
bildet den Kranz, in welchem die hohe Hochebene des Todtengebirges oder Steines liegt;
sie ist mannigfaltig von Höhen und Gebirgsrücken durchschnitten; hie und da erheben sich
die Gipfel; überall tiefe Kessel und Klüfte, in
diesen gewöhnlich die Quellen; im Ganzen aber
hat sie ihren eigentlichen Zug von Süden gegen
Norden. Zwischen den Schneebergwänden und
dem hohen Kreuz liegt der erste Eisberg, der auch
am tiefsten sich gegen den Gosauer Hintersee
herabsenkt; zu diesem ist am leichtesten zu
gelangen; der zweite und grösste, ich rechne
ihn zwei Stunden lang und eine breit, senkt sich
unmittelbar vom Dachstein und liegt zwischen
dem hohen Kreuz und Gjaidstein; der dritte
ist östlich, und fällt vom Dachstein gegen den
Koppenkarstein ab; südlich ist die Wand zu
gerade, um Schnee zu halten; am schönsten ist

jener in der Gosau. Der zweite bildet zuletzt eine Wand, und unten quillt ein Wasser, welches einen kleinen Teich bildet. Hier will man das Wachsen des Eisberges bemerkt haben. Am Fusse liegt der Schober, wegen seiner zuckerhutartigen Form so genannt; er ist ganz kahl. Das Gestein ist Kalk, hie und da Versteinerungen, die Schichtung und Richtung ist so wie in Aussee; die Gipfel und Spitzen sind ganz kahl. Der Gjaidstein ist gut zu besteigen, er hat einen breiten Rücken; die anderen sind weit beschwerlicher; ein alter Jäger war schon auf dem Thorstein, so sagt man! er ist aber todt; man muss bis zu seinem Fuss über den Schnee, dann geht der Steig um den Gipfel herum. Die Nebel sind hier fast beständig; selten, dass ein heiterer Tag sich einstellt. Sonst Donnerwetter und fast alle Monate Schnee. Die tieferen Theile sind mit Krummholz bewachsen, die flacheren mit Gras, sowie auch zwischen den Klüften; obgleich die Weide sparsam ist, so soll sie doch vortrefflich sein. Viele Alpen liegen auf diesem Gebirge. In das Kammergebirge treiben die Hinterberger und Grubegger und die Bewohner der Gegend von Gröbming auf. Sie haben gute Alpen; auf den Stein selbst treiben bloss die Ramsauer auf. Die Alpen liegen auf österreichischem Boden; oberhalb des Hallstätter Sees sind einige unbedeutende auf halber Höhe; dann oberhalb des Waldbaches, die von den Hallstättern und Gosauern benützt werden, die höheren alle von den Ramsauern; solche sind: Gjaid, die beste, hat jetzt noch zwei Hütten, Hirschkar mit zwei Hütten unterhalb des Krippensteins, Schönbühel, Voralpe mit zwei Hütten, wo die Hirschkarer auftreiben; Langkar mit zwei, Moderegg mit zwei, Lacken mit zwei, Meisenberg mit zwei Hütten; sie liegen alle östlich des Schladminger Steiges, sie treiben um die Sonnenwende und bleiben bis Michaeli, bis der Schnee sie vertreibt. Geltvieh wird allenthalben gehalten, auch Gais- und Schafvieh; ersteres bleibt sich selbst die ganze Alpenzeit überlassen; Taubenkar wird dazu benützt; es vergeht kein Jahr, wo nicht einiges sich verfällt oder verliert. Auf den Stein wird nur solches Vieh getrieben, welches daran gewöhnt ist, weil kein anderes im Stande wäre, die rauhen Weiden zu begehen.

Die Alpenhütten sind niedrig, aber geräumig. Die heftigen Winde, welche hier herrschen und oft den Boden furchen, lassen kein hohes Gebäude zu. Die Dächer sind flach und mit Steinen beschwert. Die Alpenhütte besteht aus drei Abtheilungen, nämlich: in der Mitte gewöhnlich das Vorhaus mit dem Herd zum Schmalz- und Käsemachen; auf der einen Seite der Milchkeller, auf der anderen die Wohnstube. Diese letztere hat einen Ofen, ist gut verschlossen und lässt sich heizen; ein hohes Bett und Bänke ist Alles, was man sieht. Die Kühe geben im Durchschnitte zwei Mass Milch; sie wird in zinnernen Schüsseln aufbewahrt. Gebuttert wird alle zwei Tage; die Butter ist dunkelgelb und vortrefflich, aus ihr wird Topfenkäse bereitet, der Rückstand gehört für die Schweine. Zum Käsemachen haben sie die nämliche Form wie in Tyrol; ich fand Alles reinlich und zweckmässig. Nächst der Alpenhütte ist der Stall. Mit der Benützung des Düngers wissen sie noch nicht umzugehen, sie versprachen mir aber, den nächsten Anger nach meiner Weisung zu düngen und das Heu, wenn das Vieh wegen schlechter Witterung nicht ausgetrieben werden kann, als Futter zu benützen. Sonst ist hier Alles wie im Ausseeischen, es herrschen die nämlichen Gesänge, nur werden sie hier besser gesungen. Die Einsamkeit ist hier gross, alle vierzehn Tage holen die Eltern der Sennerin, denen gewöhnlich die Hütten gehören, die Erzeugnisse und bringen ihr dafür Brot und Mehl; da sie so einsam sind, so beschäftigen sie sich mit Stricken.

Den 29. August war Rasttag. Es wurde der Entwurf zur weiteren Bereisung der Thäler

Schladming und Sölk gemacht, und ich schrieb mein Tagebuch bis heute. Hier in Schladming ist ein gräfl. Batthyanyisches Hammerwerk; es nimmt Vordernberger, auch etwas Innerberger Flossen und erzeugt Grobeisen, Grobstahl, welches vorzüglich nach Salzburg und Baiern geht; auch besteht hier ein Kupferhammer ohne Beschäftigung. Ein kaiserlicher Waldmeister ist hier der Waldungen wegen, dann ein montanistischer Beamter der Einlösung halber. Graf Batthyanyi baut in den Schladminger Thälern auf Blei und Silber, die Kupfergruben stehen; der kaiserl. Silberbau wird schwach betrieben der Kobaltbau ebenfalls; der beste im Josephi-Stollen wird von der Wiener Gewerkschaft verkauft werden; die Blende wird gar nicht benützt. Ueber alles dieses werde ich noch Daten einziehen. Der Markt ist ziemlich gross und hat einen eigenen Bezirk, der aber sehr arm ist. Etwas Ackerbau und Viehzucht und einige Handwerke, das ist Alles, was in demselben betrieben wird. Ein katholischer Pfarrer, dessen Gemeinde aber gering ist, ein braver Mann, und ein evangelischer, der die meiste Bauernschaft unter sich hat, sind hier und leben in der besten Einigkeit.

Bären, Gemsen, unter diesen eine kleine Gattung zwischen 20—30 Pfd. schwer, mit

hohen Beinen und roth gefärbt, bewohnen das
Gebirge; auch Wölfe, Luchse und vorzüglich
grosse Gemsgeier kommen vor, die vielen Schaden verursachen, weil sie das Kleinvieh weg-
tragen und sogar auf grösseres Vieh, wenn es an
gefährlichen Stellen steht, stossen, um dasselbe
dann, wenn es herabstürzt, zu verzehren. Von
grossen Eidechsen, welche die Menschen anpacken
und in den hohen Klippen am Eise vorkommen
sollen, geht die Sage, aber es ist gewiss ein
Mährchen. Von Vögeln sah ich sonst nichts
als die Schneekrähe mit gelbem Schnabel und
rothen Füssen, dann die Schneeamsel; einige
besondere Fliegen und Schmetterlinge. Die
Flora ist so wie jene von Aussee, nur fand
ich noch hier:

Gentiana bavarica.	Melissa ?
— prostrata.	Salix ?
— ciliata.	Arnica doronicum (Aronicum
Saxifraga oppositifolia.	Clusii).
— autumnalis	Primula minima.
(aizoides).	Valeriana celtica.
— caespitosa.	Globularia nudicaulis.
Arabis ?	Dianthus ?
Veronica ?	Arenaria ?

Ich zweifle, dass mehr vorkommt, vielleicht
einige Pflanzen gegen die Eisgebirge; allein dort
schien mir Alles kahl zu sein.

Barometer-Höhen:

			Stunde		Bar.	Ther.
Den 27.	August	Hallstatt	5½	Früh	319¾	16½
„ 27.	„	Gjaidalpe	12	Mittag	278	22
„ 28.	„	Höhe	12½	„	263	18
„ 29.	„	Schladming	12½	„	313	16

Ich blieb den ganzen Tag zu Hause, um meine Sachen abzuthun; die zweite Kiste wurde abgeschickt, sie enthielt die seltneren Sachen von dem Stein. Der Apotheker von Radstadt kam zu mir; er geht morgen mit in die Schladminger Alpe; er scheint Kenntnisse zu besitzen. Ich hatte wenig Ruhe, den ganzen Tag kamen Leute zu mir, auch Bauern, die mir ihre Anliegen vortrugen; ich war froh mit ihnen sprechen zu können, denn ich erfuhr Manches, was bemerkenswerth ist. Wegen der Klage ob Ueberbürdung beruhigte ich sie, dass nämlich dieser Gegenstand bei dem heurigen Landtage vorgenommen und zur Entscheidung vorgelegt worden.

Eine andere Klage war, dass sie so grosse Abschüttungen an ihre Herrschaften haben; einige sind Meier oder Hofbesitzer und ziehen den Zehent von mehreren anderen Bauern, meist kleinen; sie selbst leisten ihn der Herrschaft; nun findet es sich, dass diese kleinen Bauern mehr Weide bedürfen, folglich ihre Aecker als Eggarten liegen lassen, deshalb wird der Zehent auch geringer, die Abschüttung an die Herrschaft aber bleibt gleich; da wünschen sie eine Abhilfe; dieses hat meines Erachtens mehr Schwierigkeit und ist eine blosse Vertragssache zwischen Herrschaft und Unterthanen; ich verwies sie an ihre Pfleger. Endlich stellten sie an mich die Frage: „Ob sie für ihre Stellungen, Darlehen, Lieferungen etwas bekommen würden? Vorher hätten sie wenigstens Interessen (Zinsen) dafür erhalten, jetzt aber bekämen sie nichts." Das ist wahrlich eine harte Sache! Ich dachte, besser wäre es gewesen, den Leuten keine Schuldscheine zu geben und das Ganze als eine leider unvermeidliche Last des Krieges hinzustellen, als sie nicht zu entschädigen und doch die Hoffnung der Zahlung zu nähren.

„Ob die Herrschaft etwas zurückbezahlt erhalten hätte für die Landwehrauslagen?" fragten sie mich schliesslich, „dann gebühre es ihnen auch" — — —; darüber schnitt ich kurz ab und sagte: es sei eine leider nothwendige Werbbezirks-Auslage gewesen, wofür nichts zurückkäme; so wie sie, hätte auch die Herrschaft von dem Ihrigen beitragen müssen; damit waren sie zufrieden und sahen es ein.

Sie klagten über die Dienstboten und ihre Forderungen; sie wünschten sehnlichst eine Dienstboten-Ordnung; vorzüglich, dass, wenn

der Leihkauf einmal gegeben, der Knecht ver-
pflichtet sei, die vorgeschriebene Zeit zu bleiben;
sie versicherten mich, es wäre ihnen selbst
lieber, Knechte als Bauern zu sein. Endlich
konnte ich aus ihren Reden merken, dass es
hier in Schladming ziemlich unordentlich zu-
gehen müsse. Sie haben keinen Marktrichter,
es scheint, dass Niemand diesen Platz wünscht;
dann beschwerten sie sich, dass ihnen Anstand
gemacht wird, Holz zu bekommen, weil der
Hammer Alles bedarf; darüber muss ich noch
Aufschluss erhalten.

Den 30. August. Aeusserst günstig war
an diesem Tage das Wetter. Ich trennte mich
von meinem Wagen, nahm das Nothwendigste
mit und stieg zu Pferde. Ungemein anlockend
waren für mich die schönen grünen Gemsgebirge, bis oben bewachsen und doch hoch, jene,
welche die südlich der Enns gelegenen Thäler
umschliessen. Schladming verliess ich um acht
Uhr früh und folgte dem Bache gleichen Namens
aufwärts. Gleich am Orte liegt der gräflich
Batthyanyische Eisenhammer und der Kupferhammer; da sie keine besondere Einrichtung
vor anderen haben, so besah ich sie nicht. Der
Schladminger Bach strömt aus einer engen
Schlucht zwischen Felsen hervor; unten an
demselben ist die Strasse geführt; ein heftiger

Regenguss hatte sie vor einigen Wochen zerrissen, ich musste daher die höhere einschlagen,
die mir aber die erwünschte Gelegenheit ver-
schaffte, die umliegende Gegend besser zu übersehen. Anfangs geht es steil hinauf, bis man
die oberen Berghöfe gewonnen hat, dann der
Lehne nach; der Berg heisst der Festenberg:
gegenüber am linken Ufer sieht man den schönen
Rohrmoosberg, voll Höfe, ganz bebaut, wo
auch die wohlhabenderen Bauern sich befinden.
Alles war eben mit dem Schnitt begriffen, eine
gute Ernte lohnte ihren Fleiss; nicht bald sah
ich so schöne üppige Früchte. Eine halbe
Stunde von Schladming trennt sich das Ober-
und Unterthal, ersteres enger und rauher, doch
weit merkwürdiger als das Unterthal, weil dort
alle alten und noch betriebenen Gruben sich
befinden; ich spare mir sie zu besuchen auf
künftigen Sommer. Die Alpen und Seen sollen
nicht minder merkwürdig sein, vorzüglich der
Gigler- und der Eiskahr-See, dann die Neualpe
und der Hochgolling, welcher an der Grenze
liegt zwischen beiden Thälern und unstreitig
das höchste Gebirge der ganzen Schieferkette
ist. Ich folgte dem schönen Unterthal immer
auf der Höhe fort, eine Stunde weit sind noch
Bauernhöfe; die letzten Bauernhäuser sind beim
Tetter und Rochel. Hier erreichte ich wieder

die alte Strasse und folgte ihr; nun dauern
noch über 1 1/2 Stunden die Lehnen fort, die
zugleich als Voralpe dienen; ich folgte bis zur
Seeleiten dem Thale. Jetzt wandte ich mich
an derselben hinauf gegen Osten; das andere
Thal bildet Alpen und dauert noch bei zwei
Stunden bis zu dem Fusse des Golling. Auf
diese Lehne geht im Frühjahr das Vieh vier
Wochen lang, dann auf die eigentlichen Alpen.
Im Herbst kommt es auf erstere wieder zurück
und bleibt, bis der Schnee fällt. Einige Wiesen
werden um Jakobi abgemäht, einige lässt man
zuerst vom Kleinvieh abfressen; im Herbste
lässt man das grosse Vieh drauf; einige gehören hinaus in das Ennsthal. Grosse Bauern
besitzen bis zwei Huben, auf diesen sind In-
wohner, die eine Kuh, zwei, drei Gaisen besitzen und für ihn arbeiten müssen. Ueber
der Seeleiten längs des Baches geht der Alpen-
fahrweg steil hinauf. Auf der halben Höhe des
Berges bildet das Wasser einen herrlichen Fall;
zu sehen ist er am besten, wenn man von
unten aus dem Bache folgt, er ist einer der
schönsten, die ich je sah. Eine Stunde hat man
zu steigen, bis man die Höhe erreicht; hier ist
schon Alpenweide. In einem Kessel liegt der
Risacher See, er wird eine halbe Stunde im
Umfange haben, an seinem Ausflusse liegen die

Gföller Hütten, dem Bauer gleichen Namens gehörig; er war Eigenthümer des Sees, sein Gaisknecht kaufte ihm denselben ab, er enthält Salblinge. Am anderen Ende des Sees liegt die Fischerhütte, sie enthält zwei Stuben und eine kleine Küche und ist sehr hübsch gebaut. Die Gegend ist äusserst angenehm, ein Kranz grüner Alpen umgibt sie; im Hintergrunde erheben sich hohe Gipfel, allenthalben Bergweiden, in der Tiefe die Hütten; das über steile Abhänge oder Wände zuschiessende Wasser bildet hübsche Fälle. Jenseits des Sees liegt die Schweiger-Alpe mit einer Hütte; gleich daran die Kerschbaumer-Alpe mit einer Hütte, dann die Kothalpe mit acht Hütten; sie hängen gleichsam aneinander und liegen herrlich; bei jeder ein schöner eingeschlossener Rasenplatz, der sich durch sein helleres Grün auszeichnet. An der zweiten Alpe steht nächst der Hütte ein hübscher Zirmbaum. Alle diese sind grösstentheils Voralpen für die Waldhornalpe. Von diesen zieht sich das Thal sanft aufsteigend bis an eine Höhe; zwei Thäler vereinigen sich hier, wir folgten dem links gelegenen. Einer Stunde bedarf es neuerdings, die Höhe zu erreichen und mit dieser die Waldhornalpe. Diese hat acht Hütten nebst den Ställen und kleinen Hütten; sie liegt sehr dem vorüberströmenden Wasser ausgesetzt. Die

Fläche in der Tiefe ist unbeträchtlich, hohes Gebirge umgibt sie und ein steil aufsteigendes Thal setzt sich südlich fort. Alle Abhänge sind grün, aber steil, die Höhen felsig, zerrissen, Alles Schiefer und Granit. Südlich erhebt sich das Waldhorngebirge, steil oben hat es eine Wand und ist ausgezahnt, es ist eines der an Pflanzen reichsten Gebirge. Oestlich liegt das Himmelreich und das Schareck, an diesem eine kleine Scharte, über welche man in das Putzenthal und zur Stummer-Alpe gelangen kann; über alle diese erhebt sich an das Himmelreich sich anschliessend etwas nördlicher die kleine, dann die hohe Wildstelle; ein Gebirge, welches von allen Seiten gesehen wird; es begrenzt südlich die zwei kleinen Thäler Seewig und Satten. Von der Waldhornalpe aus kann man die Wildstelle nicht sehen, so wie man sich aber von da erhebt, so entdeckt man sie. Folgt man dem östlich gelegenen Thale von der Alpe fort, so liegen links, wie ich sagte, die oben benannten Berge; dann rechts die Lercheckspitze, das Kieseck, das Stalleck, zuletzt die Rettingscharte, über welche man von Waldhorn in das Putzenthal in vier Stunden gelangt. Der Steig ist sonst gut, bis auf eine kleine Höhe auf der Seite der Waldhornalpe. Eben die Schilderung, dass der Steig so schlecht sei, bewog die Gesellschaft, den folgenden Tag einen längeren, aber gewiss auch mühsameren Weg einzuschlagen. Da wir früh angekommen waren und unser Mittagmahl nicht gekocht war, so besuchte ich die unteren Abstufungen des Waldhorns und kehrte mit reicher Ausbeute (an Pflanzen) zurück.

Die Waldhorn-Alpe hat acht Hütten und gehört theils zu Schladming, theils zur Ramsau. An Kühen hat eine Brenntlerin zehn bis zwölf, auch manche nur zwei, drei bis vier Kühe, je nachdem der Bauer wohlhabend ist, dann 25 bis 30 Gaisen. Auf einer Hütte ist gewöhnlich eine Brenntlerin, ein Halter, ein Gaiser. Erstere erhält 6 fl. jährlich, dann Kleidung, Schuhe, Kost; auch Trinkgeld beim Viehverkauf. Die Hütte hier besteht bloss aus einem Vorhause, wo der Käseherd ist, leider ist dieses sehr niedrig und der Feuersgefahr ausgesetzt, da oben kein Rauchfang besteht und Alles von Holz ist; dann aus dem kleinen Milchkeller und einer Stube auf der anderen Seite. Im ersteren liegt die Brenntlerin, in der letzteren der Hüterbube; im ersteren ist das nothwendige Zeug, dann Butter, Käse, Schotten; von Butter nur die vierzehntägige, von Käse und Schotten die Erzeugung der ganzen Alpenzeit. Unweit der Alpenhütte liegt der „Scherm“ oder „Trempel“, der eine für die Kühe, der andere für das Gaisvieh.

Scherm kommt von Schirm her; einige sind auch von Stein. In den Alpen, wo weitere Bergweiden sind, kehren die Kühe Nachts nicht zurück; sie werden früh und Abends auf der Weide vom Hüter gemolken und die Milch wird nach Hause getragen; eine Kuh gibt im Durchschnitte zwei Mass Milch. Die Gaisen kehren, da sie sich selbst überlassen sind, zurück; sie werden gemolken, dann wieder freigelassen oder eingesperrt; sie geben im Frühjahre zwei bis drei Seidel bei jedem Melken, sonst gibt die Gais in einem Tage eine halbe Mass. Die Weide, obgleich ausgedehnt, ist doch geringer als jene des Steins, für kleines Vieh aber sehr gut, da es auf alle bewachsenen Stellen gelangen kann; überdies hat sie den Vortheil, dass manche Theile abgemäht werden können. Die Brenntlerin muss täglich in vom Hornvieh unbesuchte Gegenden gehen und dort Gras holen, Glek schneiden und es auf dem Rücken heruntertragen, welches dann für üble Witterung aufbewahrt wird. — Hier sah ich Butterfässer; da die Alpen sehr wasserreich sind, so hat man in einigen Gegenden des Schladminger Bezirkes bereits solche Vorrichtungen getroffen, dass diese Fässer durch's Wasser getrieben werden. Erst Abends bekamen wir unser Essen und dieses in freier Luft; die Kälte trieb uns bald in die Hütten. Jeder wählte sich eine, ich kam in die eines Bauern im Rohrmoos bei Schladming, wo mich die Brenntlerin aufnahm; bis Abends liess ich mir ihre Alpenverrichtungen erklären, die ich oben bereits anmerkte und die in allen Alpen des Ennsthales fast gleichartig sind. Um 9 Uhr legte sich Alles zur Ruhe; ich bestieg das Bett in der Hütte, welches nach der Gewohnheit gewaltig hoch liegt, so dass man des Daches wegen gar nicht aufrecht darin sitzen kann.

Am 31. August. Um 6 Uhr stand ich bereits vor meiner Hütte; ein herrlicher Morgen! Die Kälte war streng, die Bergspitzen von der Sonne beleuchtet, auf der Alpe selbst dichter Thau. Wir versammelten uns Alle; ich hatte bereits mein Alpenfrühstück eingenommen und nun ging es weiter rechts in das südlich gelegene Thal von der Alpe fort; der Weg ist sehr einförmig, beständig steil aufwärts, über grüne Bergweiden, zur Seite der kleine Bach, vorne im Hintergrunde rechts der Greifenstein mit seiner senkrechten Wand, links das Waldhorngebirge; zwei Stunden geht es aufwärts, bis man eine kleine Fläche erreicht. In dieser ganz von allem Holz und Zwerg-Erlen entblössten Wildniss liegen zwei kleine Seen, genannt die Kapuzinerseen, die Fische enthalten sollen; zwischen beiden wendet sich der Steig an die linksseitige Wand und an dieser über Geröll steil hinauf zum Waldhorn-Thörl, einer von Felsen eingeschlossenen schmalen Scharte. Reichlich ist die Ausbeute an Pflanzen auf diesem Wege. Gemsen erblickt man öfters in den Wänden umherklimmen. Drei Stunden waren wir von den Hütten gegangen und nun wurde geruht. Von der Scharte kann man sich auf den Gebirgsrücken hinwenden, wohin man nur will; eine schöne Aussicht geniesst man, zuerst nördlich auf den zurückgelegten Weg, im Hintergrunde die hohe Wildstelle; südlich auf die zwei Seen gleich unterhalb der Scharte, dann auf die Gebirge des Lesachthales im Lungau; durch dieses auf die Gegend und Häuser von Tamsweg und auf die jenseits liegenden Bundschuhalpen an der kärntnerischen Grenze; der Lungau bildet hier, weil die Grenze der Gebirgsschneide folgt, einen stark ausspringenden Winkel. Auf der Höhe der Scharte geht die Grenze; von da sieht man auf die östlich liegende Kaiserscharte. Wir betraten nunmehr den Lungau. Schnell ging es über einen grünen Abhang dem ersten See zu; dieser ist oft bis Anfangs Juli gefroren; westlich liegt im Kar ein kleinerer See noch höher; wir liessen den zweiten See rechts liegen und wandten uns aufwärts der Kaiserscharte zu; 1 1/2 Stunden

brauchten wir; sie liegt so hoch wie die anderen.
Auf dem Wege dahin zeigt sich die Grenzkette
der Schladminger Thäler und vorzüglich schön
erblickt man den Hochgolling, den höchsten
dieses ganzen Gebirges. Gegen den Lungau
fällt die Kaiserscharte sanft ab, desto steiler
gegen das Putzenthal; von der Höhe blickt man
hinab, kein Steig zeigt sich, ein steiles Schneefeld ist Alles. Nachdem wir geruht, begannen
wir unsere Reise und nun ging es nach Alpen-
sitte pfeilschnell gerade über das Schneefeld hinab,
wobei Manche fielen. Am Fusse dieses Schnee-
feldes liegt ein zweites, weit länger und steiler;
der Schnee lag nicht tief, so dass Steine hervor-
sahen, daher war viel schlechter hinabzufahren;
indess ging es ebenfalls über dieses, dann über
grüne Abhänge. Erst nachdem man eine Stunde
gefahren, gegangen und den halben Weg zurück-
gelegt hat, zeigt sich ein schlechter Steig, der als
Triebweg für das Kleinvieh auf die Putzenthaler
Hütten führt; über diese Alpe geht ein gefähr-
licher Steig, weil er über abhängige glatte Leiten
führt, die Niemand ohne Steigeisen des Ver-
fallens wegen betreten sollte; ich folgte diesem als
dem kürzeren, indess ein Theil der Gesellschaft
den besseren betrat. Zwei Stunden sind es von
der Kaiserscharte bis zur Putzenthal-Alpe. Von
der Höhe der Scharte übersieht man einen Theil

des Gebirges, vorzüglich Jenen zwischen dem Ober- und Unterthal. Der Predigtstuhl, dessen höchster Gipfel eine dem Namen entsprechende Gestalt hat, ragt über alle anderen Berge hervor. So reich an Pflanzen die Seite gegen Schladming war, so arm ist diese beständig im Schatten gelegene; voll Schnee und Gerölle liefert dieser Abhang wenig. Hie und da fand ich abgefallene Erze, Kupfer und Arsenikkiese. Ueberhaupt sind diese Schiefergebirge voll von solchen, die aber ihrer Armuth und geringen Mächtigkeit wegen nicht bauwürdig sind. Thon, Schiefer, Glimmerschiefer, Hornblende, Quarz, etwas Grünstein und Schieferbittererde finden sich in diesen Gebirgen. Zwei Stunden bedurfte es, um die Putzenthal-Alpe zu erreichen; sie liegt am Ursprung des Thales bereits im Walde. Südwestlich verlängert sich das Thal noch etwas und da liegen höher die letzten zwei Hütten. Hier kann ein Fussgänger über einen ähnlichen Weg, wie jenen der Kaiserscharte in das Preberthal kommen, dessen Gewässer sich in die Mur ergiessen und welches schon zu Steiermark gehört. Von der Putzenthal-Alpe führt ein schmaler Fahrweg abwärts durch einen schönen Wald nach dem Schwarzensee eine halbe Stunde; hier blieben wir; in den inneren Hütten wurden wir aufgenommen; es war noch ziemlich früh, als wir da ankamen, daher besah ich noch bequem die Gegend. Der Schwarzensee füllt das Thal ganz aus, er wird eine kleine Stunde im Umkreise haben und ist ganz von waldigen Bergen umgeben. Mehrere Gewässer geben ihm die Nahrung, aus Südwesten der Bach aus dem Putzenthal, aus Nordwesten jener von der Rettingscharte, der zuletzt einen kleinen Fall bildet. An diesem liegen am oberen Ende des Sees auf einer schönen grünen Fläche zehn Hütten und südlich von diesen an dem Wege aus der Neualpe (einem kleinen Seitenthale) liegen am unteren Ende vier Hütten und am Ausflusse des Sees sechs andere. Diese zwei letzten Abtheilungen gehören den nämlichen Eigenthümern wie die oberen. Hohe Gebirge umgeben sie von allen Seiten, ihre Abhänge sind waldig; zwischen dem Thale der Rettingscharte, auf welches man hinaufsieht, und dem Putzenthale liegt die Lammerspitze (Lerchegg). Am Ende des Sees auf einer kleinen Erhöhung übersieht man diese herrliche Gegend; der ruhige See, dessen Wasser schwarzgrün, liegt ausgebreitet vor unseren Blicken; an diesem die grüne Fläche, auf welcher die oberen Hütten zerstreut liegen, hinter diesen ein prächtiger Urwald (Fichten), dessen Dunkel äusserst malerisch ist; die kleinen Bäche, die von dem Gebirge abfallen, zuletzt der Kranz hoher Alpen, die Abhänge grün und nur die höchsten Gipfel felsig, hie und da Schnee. Das Ganze ist äusserst schön und ich konnte mich nicht satt sehen. Die Ruhe in der grossen Natur hat den höchsten Reiz und ich gestehe es, hier möchte ich jeden Sommer in Einsamkeit vierzehn Tage verleben, um den moralischen Unflath abzulegen, den man in der grossen Welt leider erhält; auch habe ich mir's fest vorgenommen, künftigen Sommer hieher zurückzukehren. Der See, sowie das ganze Putzenthal gehört dem Stifte Admont; er enthält Salblinge von vorzüglicher Güte. Ein Fischer, der seine Hütte am Ende des Sees hat, wohnt durch das ganze Jahr hier. Die Hütten sind die schönsten, die ich noch fand; obgleich ebenerdig, zeigt doch ihre Grösse hinlänglich, dass sie wohlhabenden Bauern gehören. Mitten . ist gewöhnlich eine geräumige Stube, wo ein Herd steht für zwei grosse Kessel; leider ist derselbe nie feuersicher, weil auch hier kein Rauchfang angebracht ist und Alles aus Holz besteht; bald schwärzen sich die Stämme, das starke Feuer bei dem Käsemachen dörrt Alles aus; überall hängt sich das Pech an, ein Funke nur und das Feuer fängt. Es geht kein Jahr vorüber, wo nicht auf Alpen Hütten verbrennen. Rechts und links von der Stube liegt eine

Kammer, auf der einen Seite die bessere, oft aus-
getäfelt, mit Tisch und Sesseln, sie ist der Auf-
enthalt des Hirten und Gaisers; auf der anderen
ist die Milchkammer, wo die Milch in den
Schüsseln gereiht steht; beide sind mit Fenstern
und mit Oefen zum Heizen versehen; oberhalb
befindet sich der Käse der Alpenzeit, unten
die Schotten und Butter, dann alle nothwen-
digen Vorräthe und Werkzeuge; hier hält sich
die Brenntlerin auf. Ausserhalb der Hütte ist
der Schweinetrog, dann die Trempeln für Kühe,
Schafe, Gaisen nach der Menge des Viehes eingerichtet; endlich die Heuhütte, wo das Glek-
heu und das von den Bergwänden, dann von
den Wiesen erzeugte Heu zusammengebracht
wird; endlich ein eingeschlossener Raum, etwa
ein Joch gross, der gedüngt wird und gutes
Heu abwirft. Da hier Waldungen genug sind,
so ist der Hüttenbau keiner Schwierigkeit unter-
worfen; die Bauern erhalten das Holz von der
Herrschaft unentgeldlich, zum Baue helfen die
Nachbarn, so dass ihnen die Errichtung derselben nichts kostet, der Bau selbst kann in
acht bis zehn Tagen vollendet sein. Ich kehrte
in der Dankelmayer-Hütte ein, sie gehört dem
Simon Leitgeb, vulgo Dankelmayer. Dieser hat
36 Kühe, 40 Schafe, 42 Gaisen. Die Anderen
haben gewöhnlich zwischen 12 bis 20 Kühe

und bei 20 bis 30 Gaisen und Schafe. Es war in der Hütte eine Brenntlerin, die Tochter des Eigenthümers, ein Hirt, ihr Bruder, dann ein Gaiser. Die Behandlung ist gerade wie in den Schladminger Alpen. Alle 14 Tage wird die Butter nach Hause gebracht. Der Käse bleibt so wie die Schotten bis zu Ende der Alpenzeit in der Kammer. Hier ist eine eigene Eintheilung, nämlich ein Massl macht 12 Kühe, die Alpe hat 16 Massl, folglich 192 Kühe. Schafe werden bei 190 sein und 170 Gaisen. Alle 14 Tage fahren sie von der oberen nach der unteren, dieses dauert bis 14 Tage nach Michaeli; die unteren Hütten sind eben so wie die oberen, haben aber bei Weitem keine so schöne Lage. Auf dem See sind zwei kleine Schiffe, diese werden von den Brenntlerinnen benützt, um den Weg abzukürzen. — Die Waldungen dieser Gegend bedarf das gräfl. Batthyanyische Werk in der Walchen. Hier liegen die Holzschläge, und das Holz wird auf dem Bach und weiter durch die kleine Sölk bis in die Enns getriftet. Schade wäre es, wenn der schöne Urwald im Hintergrunde abgestockt würde, die Gegend verlöre viel an ihrer Schönheit. Ueber die Rettingscharte kann man in vier Stunden in die Waldhornalpe gelangen. Nachdem wir etwas gegessen, setzten wir uns in die Schiffe;

die Brenntlerinnen machten die Schiffer. Wir fuhren eine kleine halbe Stunde auf dem See, es war ein vorzüglich schöner Abend; um 9 Uhr ging Alles zu Bett.

Am 1. September. In aller Frühe war ich auf und besah die herrliche Gegend; noch schlief Alles; wir frühstückten später, fischten glücklich, fuhren auf dem See und blieben da bis 12 Uhr; dann ging es weiter, von den unteren Hütten Anfangs durch den Wald bergab bis zu den Holzknechthütten; rechts blickt man in das Neualpenthal, im Hintergrunde ist der Predigtstuhl. Die erste Alpe ist in einem Seitenthal, gegen Westen die Lassachalpe, etwas seitwärts höher liegt die Kesselalpe; die Hütten dieser letzteren kann man sehen. In dem Thale selbst, welches sehr einförmig und bloss Weide ist, liegt die Breitlahnalpe eine Stunde vom schwarzen See; weiter unten in einem Seitenthale führt über die Stummeralpe ein naher Steig nach der Waldhornalpe. Im Hintergrunde dieses Thales ist die hohe Wildstelle, die man aber von dieser Seite nicht sehen kann. Eine Stunde weiter erreicht man die letzte Alpe Sachersee. Nun schliesst sich das Thal wieder zu beiden Seiten des Hieronymusbründl, welches ein vortreffliches Wasser gibt und von welchem die Sage geht, es sei von einem Priester gleichen Namens geweiht worden, als er einen Holzknecht, der sich in einer Wand verstiegen hatte, mit dem heiligen Sacramente versehen gegangen war. Nun betritt man die kleine Sölk; südlich blickt man in das Unterthal, in dessen Hintergrunde die Striegleralpe liegt; es ist schmäler und rauher als das Oberthal, hohe Berge erheben sich im Hintergrunde, der kleine, dann der grosse Knallstein über alle; er liegt zwischen diesem Thal und der grossen Sölk. Schön ist die kleine Sölk; die Tiefe ist zwar durch die Triftung, dann durch die Regengüsse verwüstet, aber Erlenbüsche verbergen sie, doch die Abhänge zu beiden Seiten sind ganz bebaut, voll von Bauernhöfen, oberhalb Waldungen, zuletzt grüne Alpen. Zwei Stunden hat man von der Vereinigung der beiden Thäler bis nach dem Vicariatshaus der kleinen Sölk, vormals Wald genannt, zu gehen. Von dem Fenster dieses Hauses übersieht man das ganze, eben zurückgelegte Thal, es ist einer der schönsten Anblicke, die ich genoss. — Die Vicariatkirche und das Haus bilden nur ein Gebäude; es steht erst seit 15 Jahren. Dieses Thal gehört dem Grafen Saurau als Aggregat zum Landmarschallamte in Steiermark. In der schlecht gebauten Kirche, wo eine Menge elender Schmierereien hängen, ist ein schönes Frauenbild nach Professor Füger von Redel, welches

Graf Saurau der Kirche schenkte; es ist ein schöner Fund in dieser Einsamkeit. Eben war Alles hier mit dem Schnitte beschäftigt; ergiebig war die Ernte; man baut hier nur Korn, Weizen, Hafer und etwas Klee. Von dem Vicariathaus geht der Weg immer auf der Höhe fort; ich verliess ihn bald und wandte mich dem Bache zu, um das vor mir liegende Gross-Sölk zu erreichen; bei dem Zusammenfluss der zwei Bäche, die zwischen Felsen eingeengt sind, geht der Weg über beide, dann steil den Abhang hinauf zu dem Dorfe Feister. Ich hielt mich nicht auf, sondern setzte meinen Weg der Strasse nach in das grosse Sölkthal aufwärts fort. Die Strasse geht sehr einförmig zwei Stunden lang fort, bis man das kleine Wirthshaus in der Oed erreicht. Hier öffnet sich das Thal, östlich liegt das schöne grüne Gumpeneck mit seinen Abhängen, westlich die höheren Alpen; nun geht es noch eine Stunde sehr angenehm zwischen Feldern und Höfen bis Mösna fort, wo ich im Wirthshaus übernachtete.

Am 2. September. Des Morgens ritt ich durch das schöne Thal noch eine Stunde weiter nach dem Dorfe St. Nicolai, wo ein Pfarrer ist; es liegt am Zusammenfluss des Sölker und Wasserfall-Baches; eine kleine Kirche nebst einigen Häusern besteht da; zur Pfarre geht aber nebst Mösna noch Alles bis an die Oed; folgt man dem Sölker Bach, so gelangt man stets aufwärts steigend durch niedere Alpen in zwei Stunden auf die Sölker Scharte, eine der niedrigeren Einsattlungen, über welche ein Saumweg bis in die Gegend von Schöder und Kammersberg im Murthal führt, ehedem, als die Strasse über den Rottenmanner Tauern noch nicht gebaut war, sehr besucht, weil das meiste Salz in das Murthal hinüber gesäumt wurde. Ich machte diesen Weg im Jahre 1807 in October; er ist gut zu reiten und angenehm. Oestlich liegen hohe Gebirge und schöne Alpen, westlich ebenfalls solche und einige kleine Seen; folgt man dem Wasserfallbach, so gelangt man steil aufwärts entweder an den Schimpel, wo ein See ist, und über diesen in die Krakau oder auf die Striegleralpe oder zum Hohensee, wo Alpenhütten sich befinden. Dieser ist wegen seiner grossen trefflichen Forellen berühmt, die aber nur zur Nachtzeit gefangen werden; oberhalb diesem liegen der Grünsee und der Schwarzensee, wo Salblinge vorkommen. Ein anderes Seitenthal führt gegen den Hochknallstein, an dessen Fuss Alpen und sechs kleine Seen liegen; wild und sehr zerfallen ist das Gebirge; am schlechtesten ist von da, am besten aus dem Strieglerthal oder von Mösna aus durch das Knallthal der Knallstein zu besteigen. Eine Gemsenjagd war veranstaltet, allein es kam nichts vor und ich kehrte von St. Nicolai nach Mösna zurück, wo ich den Nachmittag blieb und übernachtete.

Mösna, welches eine Rotte bildet, hat eine angenehme Lage, am Zusammenflusse des Sölker und Seifried-Baches; das Thal ist ziemlich breit, die Höfe liegen allenthalben zerstreut, mehrere gehören in das Ennsthal, nebst den Alpen Alles Lehen, ein Schaden für das Thal selbst. Das Seifriedthal geht drei Stunden weit bis an das Gebirge; es enthält schöne Waldungen und gute Alpen; es grenzt an Donnersbach und Kammersberg, wohin ein Steig hinüberführt.

Die Waldungen der Schladminger Thäler, der kleineren und grösseren Sölk, von Donnersbach und vom Golling sind kaiserlich. Zur Aufsicht sind drei Waldbereiter, einer in Schladming, einer in Gröbming, einer in Donnersbach aufgestellt. Ersterer hat die Aufsicht über das Ganze; das Holz wird zum Betrieb der Hochöfen von Eisenerz und der gewerkschaftlichen Hämmer benutzt; ein Theil war bisher für das Kupferwerk in der Walchen bestimmt.

Die Bauern besitzen keine eigenen Waldungen, sondern sie erhalten von den ihren Häusern nahe gelegenen den Holzbedarf unentgeltlich oder gegen einen sehr geringen Preis. Hier in der Sölk war der Schnitt vorüber und begann schon der Anbau des Wintergetreides. Die Arbeit drängt sich in eine kurze Periode zusammen, daher die Nothwendigkeit vieler Dienstboten, die wieder in anderen Zeiten nichts zu thun haben. Die Bergabhänge werden hier gemäht, das Heu wird in Haufen geschlagen und im Winter auf Brettern herabgezogen. Der Menschenschlag ist stark und schlank, vorzüglich zeichnet sich der Oberennsthaler aus; in den Seitenthälern bewirkt die schwere Arbeit geringere Schönheit, besonders was das weibliche Geschlecht betrifft. Wohlhabend sind die Bauern, die grossen werden meist Meier genannt; in den Seitenthälern sind sie arm, aber auch besser, und die Bedürfnisse geringer. Am schlimmsten steht es mit den Bewohnern der Flecken, die gewöhnlich neben der Beschränktheit des Bauern, auch den Stolz des Bürgers haben. Im Ganzen genommen ist der Bewohner gutmüthig, im Gebirge kindlich fromm, aufrichtig, anhänglich, redlich, abergläubisch, an ihm hängen die gewöhnlichen Gebrechen der Bergbewohner. Leider ist die Geistlichkeit sehr zurück. Der Mangel an Priestern machte es nothwendig, dass man all' Jene aufnahm, welche Würzburg, Baiern, Schwaben ausstiess, meist Bettelmönche; hie und da leuchtet ein Priester hervor und dieser ist dann gewiss ein Landeskind, oder Einer vom Stift Admont, wie z. B. der Pfarrer von Gröbming, Marcus Blaschier, der aber dafür nicht wenig verfolgt und als lutherisch ausgeschrien wird. Die Schulen sind in einem elenden Zustande, da mit 100 und einigen Gulden schwerlich ein guter Schulmeister zu bekommen ist, und doch ist die Schule das einzige Mittel, für die Zukunft zu wirken; die jetzige Generation leiten, dass sie die künftige nicht verderbe, sondern bilde, das ist, was man thun muss, daher Vermehrung der Lehrer und bessere Bezahlung derselben. So wie der Bergbewohner überhaupt, so ist auch der Ennsthaler sehr sorglos und für Vieles gleichgiltig, aufgeweckt muss er werden.

An ärztlicher Hilfe fehlt es sehr, die ganze Sölk muss sie entbehren, die nächste ist in Gröbming; wahrlich auch ein Gegenstand, der Rücksicht verdient; die Geistlichkeit sollte einige Kenntniss in der Heilkunde besitzen, oder es sollten mehr Aerzte aufgestellt werden. Hier fand ich wenig Cretins, aber viele im untern Ennsthale, besonders in der Gegend von Admont; dort besteht sogar eine eigene Stiftung für zwölf solcher Unglücklichen.

Im Ennsthal ist der Bauer wohlhabend, das heisst: er besitzt viel, obgleich ihm am Ende des Jahres wenig, übrig bleibt. Er hat viele Grundstücke, Alpen, Vieh etc., aber er bedarf auch vieler Dienstboten zur Betreibung seiner Wirthschaft. Diese Dienstboten müssen dann die übrige Zeit erhalten werden, der Bauer muss ihnen Kleidung, Lohn, Kost etc. geben. Wie oft geschieht es nicht, dass irgend eine Frucht jetzt durch Wasser, jetzt durch Wetter verdirbt; Viehseuchen, dann hohe Stiftungen an die Herrn und an den Landesherrn, Alles dieses zusammengenommen macht, dass bei den grossen Bauern der Brutto-Ertrag sehr hoch ausfällt, der reine aber unbedeutend ist, weil Alles wieder in Ausgabe und Consumo übergeht. Sein Reichthum besteht also darinnen, dass er nichts zu kaufen braucht, und in einem ansehnlichen fundus instructus als: Vieh etc., welches ihm zum Betrieb seiner Wirthschaft unumgänglich nöthig ist, so wie das Werkzeug dem Handwerker. Die Producte der Alpenwirthschaft werden zu Hause ganz aufgezehrt. Der Vortheil der Alpe besteht darin, dass durch vier Monate Vieh oben gehalten wird, folglich die Ersparung des Futters dem Landmann Gelegenheit gibt, mehr Vieh zu halten; der Verkauf desselben, und auch der von einigem Getreide, was aber selten vorkommt, verschafft ihm Geld für Kleidung, Geräthe, Ausbesserung und für die Abgaben. In einem ähnlichen Zustande befindet sich der kleinere Bauer in den Seitenthälern; dieser, ungleich ärmer, erzeugt bei weitem nicht genug für seinen Bedarf, er muss viel kaufen, und das Geld dazu aus dem Viehverkauf lösen. Er lebt weit schlechter, selten sieht man bei ihm ein geistiges Getränke, höchstens etwas Branntwein. Mehlspeisen mit Schmalz und geräuchertes Fleisch sind seine Nahrung; Milch und Wasser sein Getränk. Das Brod ist grösstentheils Kornbrod und gut. Die Schafe liefern die Wolle, die Gaisen Fleisch und Felle, die Schweine ebenfalls das Erstere. Die Milch der beiden Ersteren wird unter die abgerahmte Kuhmilch zu Käse gemischt, wodurch dieser fetter wird. — Handwerker findet man blos in den Flecken und Dörfern, in letzteren blos Wagner, Schmiede, Schuster, Schneider; Weber ziehen umher und gehen in die Häuser, wo sie das gesponnene Garn weben; dieses ist die Winterarbeit der Frauen und Mägde. Die Leinwand selbst brauchen sie zu Hemden, Vortüchern, Leintüchern, die Felle tragen sie zum Gerber, und lassen sie dort zu Leder für Beinkleider und Schuhe zubereiten. — Aus der Wolle wird Loden gewebt, nach der Farbe der Schafe, braun oder grau;

die Hüte ebenfalls aus Wolle, schwarz oder grün; die der Weiber sind von Stroh, von ihnen selbst geflochten.

Das Klima ist im Ennsthal ziemlich mild; in dem unteren Theile, der sumpfig ist, würde der Mais gut gedeihen. In den Seitenthälern, vorzüglich in der Ausseer Gegend, ist es sehr rauh; hier herrschen heftige Winde, Wetter, Wolkenbrüche. In der Sölk kommt die Kälte meist um Neujahr, wenn der tiefe Schnee einfällt, der bis April liegen bleibt. — Die Evangelischen unterscheiden sich wenig von den Katholischen, nur dass sie mehr gebildet sind; aber dafür auch wieder weniger fröhlich; sie bauen ihre Felder gut, und vorzüglich rein sind ihre Häuser.

Den 3. September brach ich von Mösna auf und ritt nach Gross-Sölk, wo ich zu Mittag speiste. Dieses Schloss gehörte einst den Jesuiten und war für sie ein Strafort. Schloss und Kirche liegen auf einem Felsen, von wo man in die kleine und grosse Sölk und auf das Ennsthal sieht. Unten an der Strasse ist das Herrnhaus, wo der Cameralpfleger wohnt. Unweit ist das Dorf Feister; die Gegend hat wenig ebene Grundstücke, aber die Abhänge sind schön bebaut. Ehe man nach Sölk kommt, an der Strasse nach Mösna, liegt eine glatte, fünf Schuh hohe

Platte; diese heisst der Samersprung. Hier mussten jene Samer, die das erste Mal hier durchfuhren, hinaufspringen und oben fest stehen bleiben; wer dabei fiel, wobei Mancher sich die Nase verletzte, musste die Andern im Wirthshause freihalten; jetzt versuchen es noch die jungen Bursche. Von Mitterdorf kamen die Musici her; ich lernte einen der geschicktesten steirischen Geiger kennen. Mit Vergnügen hörte ich ihm zu; so einfache Tänze und doch so gut.

Nachmittags gieng es zu Pferde auf die Gumpenalpe. Gleich südlich vom Schlosse folgt man der Richtung des östlich hervorströmenden Gumpenbaches; ein Fahrweg für zweiräderige Alpenwagen führt in zwei Stunden hinauf. Der Feistergraben liegt schon am Ende der Waldungen. Die Alpe besteht aus acht Hütten unten, und aus zwei, eine Viertelstunde höher gelegen. In der Schlager-Hütte blieb ich über Nacht. Schön ist der Anblick von der Alpe auf den gegenüberliegenden Kamp und auf das todte Gebirge; von da konnte man deutlich den dritten Eisberg und die Gipfel des Steins und ihre Verbindung überblicken. Die Hütte, in der ich war, ist gut; zuerst die Stube mit dem Herd, dann die Wohnstube, Milchkeller, Trampel, Alles in Einem, des beschränkten Raumes wegen. Schlager, dem sie gehört, zeigte mir die Kühe,

die ich ihm geschenkt; sie sehen sehr gut aus.
Schlager ist ein guter, als Bauer aufgeklärter
Mann, fleissig, betriebsam. Hier fand ich Kalkstein, roth und weiss, mit Glimmer und Thonschiefer. Die Musikanten spielten bis Nachts,
doch lag um 9 Uhr schon Alles.

Am 4. September um 6 Uhr war man ver-
sammelt. Nach eingenommenem Frühstück gieng
ein Theil der Gesellschaft den mühsamen Weg
in die Walchen, ich aber gieng dem Gumpeneck
zu; über die Alpe stets aufwärts führt der
Steig eine Stunde weit bis an den Fuss des
eigentlichen Gumpenecks. Links liegt eine Scharte,
über die man in das Walchenthal kommen
kann. Ich wandte mich westlich und gewann
die Höhe, dann auf dieser hinauf, in allem von
den Hütten zwei Stunden. Schon während des
Steigens hat man eine schöne Uebersicht über
die herrliche Gegend. Gegen Sölk und Mösna
fällt dieses Gebirge sehr steil ab, und bildet hie
und da kleine Felsenwände. Gegen die Gumpen
bildet es einen Kessel, in dem eine Lache ist;
gegen die Hauptkette des Gebirges fällt es stark
ab und setzt viel niedriger bis an dieselbe fort;
gegen die Walchen, das ist östlich, hat es eine
ähnliche Beschaffenheit. Das Gumpeneck ist bis
auf die Höhe mit Rasen bewachsen; oben hat
es eine kleine Fläche, die Gestalt ist die eines

abgestumpften Kegels. Herrlich ist die Uebersicht nach allen Weltgegenden. Von Süden nach
Norden stellt sich dem Auge zuerst dar: das
ganze grosse Sölkthal, die kleine Sölk und die
Gebirge, welche diese zwei Thäler trennen; der
Schimpelgrat im Hintergrunde von Nicolai und
der hohe Knallstein erheben sich über alle am
meisten; dann die Berge des Putzenthals, die
Kaiserscharte, an diese reiht sich der Gebirgs-
stock zwischen den Thälern Klein-Sölk, Putzen,
Seewig und Schladminger Unterthal, hoch und
rauh, voll von Schneeflecken; zuerst gegen das
Ennsthal der sehr gespitzte Acherspitz oder
Hexstein, über alle aber die hohe Wildstelle;
diese Gebirge verdecken, da sie sehr nahe sind,
die hohen Schladminger Berge, den Hochgolling
und alle Berge des Salzburgischen bis in den
Pinzgau; etwas nördlich in der Richtung von
Westen nach Osten liegt das Ennsthal von
Radstadt bis Wolkenstein, mit vielen Schlössern
und Dörfern; man unterscheidet deutlich die
Ramsau, Haus, Assach. In weiter Ferne sieht
man den Einschnitt des Salzachthales, südlich
davon die mit Eis bedeckten Gebirge; in dunkler
Ferne verliert sich das Auge in das Pinz-
gauerthal auf die nördlich desselben gelegenen
sanfteren Gebirge; näher nach Nordwest,
erhebt sich das Kalkgebirge mit seinem ewigen

Schnee, welches zwischen Saalfelden, Dienten und Blühnbach liegt; deutlich sah man die auf der Höhe gelegene Schneefläche. Nun kommen näher die waldigen Gebirge von St. Johann, Radstadt; der Schwemmberg (Rossbrand) ist deutlich zu unterscheiden; nach Nordwest erhebt sich der Stein und das todte Gebirge, von hier sieht man es ganz, zuerst die hohen Gipfel, dazwischen die blauen Eisflächen, mitten darinnen, über alle erhaben, den höchsten Punkt der Steiermark, den Thorstein (Dachstein) nördlich mit Schnee bedeckt; dann den Gjaidstein, Eselstein, Koppenkarstein, die Scheichenspitze etc.; am Fusse dieser die Ramsau, dann das Kammergebirge und das Elendgebirge; an dem Fusse des gezähnten Kammspitz die schöne fruchtbare Fläche von Gröbming, in der Mitte der Markt, dann der niedere Mitterberg, der ihn von der Enns trennt; das tiefe Thal des Steins, dann wieder der Hohe Grimming gerade nach Norden; durch den Einschnitt des Steins die Felder von Mitterndorf, die niedern Waldberge gegen Aussee, den Rothkogl im Hintergrunde, dann die Kette der Ausseerberge, den Sandling, Loser, Schönberg, Augst etc. Der Grimming unterbricht die weitere Uebersicht, und deckt das äussere todte Gebirge; doch an dessen Ende nach Nordosten steht hoch da der Kraxenberg und der Gressenberg, kahl und steil; dann die niedrigeren Tauplitzberge, an ihrem Fusse die Felder dieser Gemeinde; niedrig setzt nun die Kette fort, und nur der Hoch-Mölbing, dann das Warscheneck erheben sich noch; nach Nordosten sieht man gerade in das Thal des Pyhrn, dann durch dasselbe in die Gegend von Windischgarsten; an diese reihen sich der Pyrgas und die Haller Gebirge, hoch und steil. Nach Osten übersieht man von Wolkenstein aus nichts mehr vom Thale, die niederen Vorberge decken es; im Hintergrunde erblickt man den frei stehenden Buchstein, zwar hoch, aber weit niedriger als seine zerrissenen kahlen Nachbarn; im Jonsbach den Zinedl und Reichenstein, über alle das Hochthor, diese schliessen hier die Aussicht. Wendet man sich nach Süden, so liegt vor Einem die ganze Schiefergebirgskette mit allen nördlich auslaufenden Zweigen, deutlich sieht man, wie sie von Westen gegen Osten immer niedriger wird; zuerst die Sölkerberge, alle grün, nur im Hintergrunde ein hoher Kopf; durch die Sölkerscharte, die sehr tief liegt, in blauer Ferne, Murauer Berge; die Berge der Walchen und das Thal zuerst am Fusse des Gumpen, in seiner Tiefe kahl von dem Rauche der Schmelzhütten; dann das schöne Donnersbacher Thal; nach Donnersbachwald und seinen

sanften grünen Alpen, unter ihnen die Eiskor-
spitze sieht man dann die niederen Alpen von
Pusterwald, Bretstein, Oppenberg, alle niedrigen
Einsattlungen, um vom Donnersbach nach Ober-
wölz und in die erst benannten Thäler zu
gelangen. Nun erhebt sich das Gebirge wieder;
der Zweig zwischen dem Strechau-Thale, und
den Tauern ist hoch, über alle der Bösenstein;
er wird dem Gumpeneck nichts nachgeben,
wenn er nicht höher ist. Südlich sieht man
durch das Pölsthal, und nun reihen sich nordöstlich davon die Gaaler und Sekkauer Alpen
mit ihren kegelförmigen und breiten Gipfeln
viel niedriger als die übrigen. In blauer Ferne
erblickt man durch das Pölsthal den Weiss-
kirchner Grössenberg an der Grenze von Steiermark und Kärnten. Schwer war es mir, mich von
dieser prächtigen Uebersicht loszureissen. Nun
gieng es gerade abwärts, zuerst über die Mathil-
den-Alpe; noch auf der Alpe war einst ein reicher
Silberbau, von dem man aber jetzt keine anderen
Spuren als alte Schächte findet; dann gerade nach
der Gstatter-Alpe, wohin wir nach 1 ½ Stunden
gelangten. Hier wurde ausgeruht; dann gieng es
abwärts über einen sehr guten Fusssteig in die
Walchen in einer Stunde. Auf dem ganzen Wege
fand ich wenig Merkwürdiges. Von dem Orte, wo
wir das Thal erreichten, ist noch eine Viertelstunde

zur Schmelzhütte. Das ganze Thal ist kahl, zerrissen, der Bach verwüstet die Tiefe; der arsenikalische Schwefelrauch verbrennt und vertilgt den Rasen, und so entblösst er nach und nach diese ohnehin brüchigen Gebirge. Die Schmelzwerke sind alle an den Bach gebaut, und die Vitriolhütte war eben im Baue begriffen. Eine halbe Stunde weiter südöstlich liegen am Gebirge die Gruben, oben die betriebenen, unten unweit der Schmelze liegt der neue Erbstollen. Es wird auf ein Lager gebaut, welches von Nordwest nach Südost streicht, mehre Gänge liegen hinter einander, es fällt widersinnig in das Gebirge; die Erze sind arm, die Menge muss die Güte ersetzen, vorzüglich aber sind die Erzeugnisse von Schwefel und Vitriol. Merkwürdig bleibt das Kalklager, welches von Donnersbach durch das Walchenthal, durch das Gumpeneck, Schloss Grosssölk, bei dem Vicariatshaus Klein-Sölk in die Schladminger Thäler sich erstreckt. Es liegt zwischen Schiefer, und soll bei 2- bis 400 Klafter mächtig sein. Ich sammelte einige Stücke davon; in der Walchen schneidet es das Erzlager ab. Im Donnersbachwald giebt es Spuren von Erzen. Im Walchenbach fand ich eine Kalkbreccie, die ich auch für mich zu sammeln Sorger ersuchte. Zu kurz war die Zeit, um alles Merkwürdige hier zu sehen, obgleich ich mich mehrere Stunden in der Hütte aufhielt. 3—400 Centner Kupfer, etwas mehr Mark Silber, endlich einige 1000 Centner Schwefel und Vitriol werden hier erzeugt. Das Blei, welches zum Schmelzprocess nothwendig ist, kommt von Schladming, wo das Werk im Oberthal eine eigene Grube besitzt. Aus dieser traurigen Gegend fuhr ich in einer Stunde nach Oeblarn; schmal ist die Schlucht und sehr einförmig, bis man Oeblarn erreicht. Der Bach verwüstet ganz die Aecker um das Dorf. Oeblarn liegt unweit der Enns; westlich sieht man hinauf gegen den Eingang der grossen Sölk und in das herrliche obere Ennsthal, östlich in das untere gegen Trautenfels und Irdning; nördlich liegt das schöne Schloss Gstatt, der waldige Mitterberg und der kahle Grimming; an der Enns liegen die Kohlstätten und der Rechen für das Werk; er ist ein schwimmender, wo das Holz für die Walchen und für die Eisenerzer Gewerkschaft, welches gemeinschaftlich aus den Seitenthälern geschwemmt wird, aufgefangen und dann, vermöge Ausmass im Walde, geschieden wird. — Ueber der Brücke liegt Gstatt, wo ich übernachtete. Abends belustigte ich mich am Fenster an der schönen Aussicht auf die bereisten Gebirge und Gegenden. Gstatt gehört dem Stifte Admont, dazu sind die grössten

Bauern unterthänig, die im Oberennsthal liegen. Der jetzige Beamte Gatterer ist ein sehr braver, geschickter Mann. — Hier kam ich auch mit dem würdigen Pfarrer von Gröbming, einem alten, aber aufgeklärten Priester zusammen; er ist aus dem Stifte Admont.

Den 5. September früh verliess ich Gstatt und fuhr längs der Enns bis da, wo ich die Hauptstrasse erreichte, ungefähr eine Stunde. Schon von Gstatt aus überschwemmt die Enns das Thal; die dazu fliessende Salza macht das Nämliche. Bei der Vereinigung der Strasse stieg ich aus, und ging zu dem unweit davon gelegenen Bauer, dem Mayer im Steinkeller, dem reichsten im Ennsthale. Sein Hof liegt in einem kleinen Thale an den unteren Abstufungen des Grimming. Seine Grundstücke sind gut gelegen und haben beständig Sonne. Sein Hof sieht einem kleinen Dorfe gleich; zuerst das steinerne Wohnhaus, dann der Kuh-, Ochsen-, Pferde- und Kleinviehstall, jeder für sich; oberhalb die grossen Scheuern in zwei Abtheilungen. Diese Gebäude sind alt, und er selbst erkennt das Mangelhafte derselben. Daran anschliessend liegen noch kleinere Behältnisse. 92 Joch Grundstücke, an der Salza die Wiesen; im Donnersbachwald ist die Alpe. Er bauet im ersten Jahr gedüngt Korn mit Klee, im zweiten Klee, im dritten Weizen, im

vierten Hafer oder Gerste. Er hat 21 Dienstleute, darunter eine Brenntlerin, eine Dirne,
einen Hirten, einen Gaiser auf der Alpe. Er
besitzt Kühe 42, Ochsen 20, Pferde 16; dann
Jungvieh, Schafe, Gaisen, in Allem bei 200 Stück.
Fleissig und verständig baut er seine Felder,
und seine Erndten sind ergiebig. Ich werde
eine weitläufige Beschreibung seiner Wirthschaft
durch Gatterer bekommen. Mayer war eben mit
Ausführen des Düngers beschäftigt, den er vom
Stall auf das Feld brachte und gleich aus-
breitete; er hat den gewöhnlichen einfachen
und den Doppelpflug. Sehr zufrieden verliess ich
diesen Mann. Nun gieng es im Ennsthal fort
über Trautenfels, Steinach, Friedstein, Wolkenstein nach Liezen. Auf dieser ganzen Strecke
ist nichts als die schöne, aber sehr windige
Lage von Trautenfels zu bemerken, dann die
schön bebauten Höhen um Irdning, und der
Eingang nach Donnersbach; die angenehme
Lage von Friedstein, dessen jetziger Besitzer
Liner einen Durchschnitt durch eine Serpentine
der Enns macht, um einen Theil trocken zu
legen; endlich das überschwemmte sumpfige
Thal und das Liezener Torfmoor. Von Liezen
folgte ich der Seitenstrasse über Ardning,
Frauenberg nach Admont. Auf dieser Strecke
sind zu erwähnen die Liezener Eisenwerke,

Admont gehörig; der Anblick von Strechau am Eingang des Paltenthales, die schöne Lage von Frauenberg, die alten Klausen und das moosige Thal der Enns. Drei Stunden sind von Gstatt nach Liezen und ebenso weit nach Admont, wenn der Weg trocken ist.

In Admont kam ich um 4 Uhr Nachmittags an, wo ich zu Mittag speiste, und einige Tage auszuruhen beschloss. Der Bischof war auch da. Abends wurde „die Schöpfung" durch den Musikchor des Stiftes sehr gut aufgeführt.

Entfernungen.

Von Schladming bis wo die Thäler sich trennen	$\frac{1}{2}$	Stunde.
Letztes Haus	1	„
Am Fuss der Wand	1	
Gföller See	1	
Waldhorn-Alpe	$1\frac{1}{2}$	„
Kapuziner-See	2	
Waldhornthörl	1	
Kaiserscharte	$1\frac{1}{2}$	„
Putzenthal-Alpe	$2\frac{1}{2}$	„
Schwarzensee	$\frac{1}{2}$	„
Breitlahner	$1\frac{1}{2}$	„
Hieronymus-Brändl	1	
Kleinsölk	$2\frac{1}{2}$	„
Feister	1	
Oed	1	
Mösna	1	
Nikolai	1	
Sölkerscharte	$2\frac{1}{2}$	„

Von Feister nach der Gumpen-Alpe 2   Stunden

Gumpenegg 2   „

Gstatter-Alpe . . . . 1½ „

Walchen . . . . 1½ „

Oeblarn 1   „

Gstatt . . . . ¼   „

Barometer-Höhen auf dem Wege, bemerkt bei beständig schönem, warmen, heiteren Wetter.

			Stunde		Bar.	Ther.
Den 30. Aug.		Gföllersee	11¾	Früh	289¾	22
		Waldhornalpe	1¾	Nachm.	281½	17
„	1. Sept.	Waldhornthörl	10	Früh	261½	14
„	1. „	Kaiserscharte	12½	Mittag	261¾	14
„	2. „	Schwarzensee	12	„	298¾	20½
„	3. „	Mösna	8½	Abends	304	14
„	3. „	Nicolai	8¾	„	300½	15½
„	3. „	Feister	11	„	308	21
„	3. „	Gumpenalpe, Schlager	6½	„	286	18
„	4. „	Gumpenegg	9	Früh	262	14
„	4. „	Walchen	3¼	Nachm.	303	19½

An Gebirgssorten und Mineralien:

Arsenikkies.

Schwefelkies.

Kupferkies; als Gänge schmal und als Geschiebe auf der Alpe in Schladming.

Grünstein.

Thonschiefer.

Glimmerschiefer.

Chloritschiefer.

Unedler Serpentin; als Hauptgebirgsarten der Kette Chlorit mit Feldspath.

Granit im Murkstein, Mösna, Knall, Seifrieden, Walchen.

Schwarze Hornblende, Gumpenegg, Gstatter-Alpe.

Hornblendschiefer,

Kalkstein, Gumpenegg.

Weisser Marmor, kleine Sölk, Feister, Walchen.

Granit allenthalben

Gneis   dto.

Pflanzen,

vorzüglich auf dem Wege von der Waldhorn-Alpe nach dem Waldhornthörl und um die Wände des Waldhorngebirges:

Aconitum Napellus.

Arnica scorpioides. (Aronicum scorpioides, Clusii, glaciale.)

Arnica doronicum,

— glacialis. ?

Gentiana pannonica.

— punctata.

— bavarica.

— prostrata.

— nivalis ?

— celiata ?

Senecio abrotanifolius.

— incanus ?

Orchis viridis.

Orchis ?

Eine Pflanze, die ich nicht kenne.

— — — ?

Solidago virga aurea.

Polygonum viviparum.

Saxifraga aizoon.

— caesia.

Saxifraga autumnalis (aizoides.)

— oppositifolia.

— Stellaris.

?

— ?

Hieracium aureum.

-- ?

Hieracium aurantiacum.

Cnicus spinosissimus.

Crysanthemum alpinum.

Pedicularis verticillata.

Pedicularis rostrata.

— ?

Campanula pulla.

— ?

Achillea atrata.

— Clavennae.

— ?

Arabis alpina.

Antirrhinum alpinum (Linaria alpina,)

Valeriana celtica.

Thymus alpinus (*Calamintha alpina*).	*Sedum rubens* (*Sedum repens*).
Dianthus alpinus.	*Filago leontopodium* (*Gnaphalium leontopodium*).
Erigeron alpinum.	*Artemisia spicata.*
Phytheuma.	*Ranunculus glacialis.*
Dryas octopetala.	— ?
Silene acaulis.	*Cucubalus pumilio* (*Silene pumilio*).
— *Saxifraga,*	
— *rupestris.*	*Primula minima.*
Geum montanum.	— *glutinosa.*
— *reptans.*	*Rhododendron ferrugineum.*
Gnaphalium dioicum.	*Betula* ?
Potentilla ?	*Salix* ?
Sempervivum hirtum.	— ?

Den 6. September blieb ich Vormittags zu Hause, ordnete meine Schriften, trug mein Tagebuch nach. Nachmittags wurde die Kaiserau besucht. Diese liegt zwei Stunden südlich des Stiftes, ziemlich erhaben; der Weg geht unter Schloss Röthelstein vorüber. Durch den Wald gelangt man auf der Höhe auf eine schöne Fläche, an deren Ende das Schloss Kaiserau gebaut ist; eine schöne Allee von Vogelbeerbäumen führt dahin; am Gebäude sind die Stallungen, Milchkeller und Käsekammer. Da hier über hundert der schönsten Melkkühe gehalten werden, so sind die Gebäude alle sehr geräumig und feuerfest. Das Vieh weidet; die Fläche wird als ein Meierhof benützt, ein Theil als Ackerland; ein Jahr wird Korn gebaut,

fünf Jahre bleibt es dann zur Weide; einige kleine Flecken sind mit Klee bebaut. Die Kühe werden im Sommer hier gehalten, im Trieben- thal auf dem Tauern das Jungvieh, welches dann im Winter auf die Kaiserau kömmt; die Pferde theils in den Wildalpen bei den Bauern, theils in Feiskar, fünf Stunden hinter Jonsbach, einer hohen Wildniss. Die Kühe werden zweimal gemolken und geben bei vier Mass im Durch- schnitt; sie sind von der grössten Art, lichtfalb, mit gebraunten Köpfen, sehr schön. Ich sah einige achtzig und vier Stiere. In einem offenen Stande werden sie gemolken; auf der einen Seite gehen sie hinein, auf der anderen heraus. Täglich wird gebuttert; die Fässer werden durch das Brunnwasser getrieben, aus der Milch wird Schotten gemacht, die Käse sind von Schaf- und Gaismilch bereitet. — Die Kaiserau liegt von Nordwesten nach Südosten; auf drei Seiten sieht man nichts als Hügel und Waldberge, so am Ende die Schlucht nach Admont gegen Norden, gegen Süden jene des Lichtmessberges; nur nach Südosten und Osten erheben sich hohe Gebirge; zuerst die Wagenbankalpe. Nach Osten läuft ein Theil derselben bis auf die Höhe des kleinen Kalbling, einen Sattel, über welchen man in einen tiefen Graben kommt, wo Holzschläge des Stiftes sind und der nach

Gaishorn ausgeht. Oestlich erhebt sich der gespitzte Kalbling, der gut zu besteigen ist, und an diesem der steile Reichenstein, der höchste dieser Admonter Gebirge, kahl und zerrissen. Wir übernachteten in der Kaiserau, ein heftiges Gewitter brachte Regen.

Den 7. September war es trübe; demohngeachtet besuchte ich die Wagenbankalpe, wo 21 Hütten sind; sie ist eine Stunde höher als die Kaiserau; von da hat man eine schöne Aussicht auf das ganze Paltenthal von Strechau bis Trieben, dann auf die jenseitigen hohen Gebirge der Tauern, über welche der Bösenstein und Hengst hervorragen, die ich im künftigen Jahr besuchen will. Die Weide ist hier karg, daher muss mit Glekschneiden geholfen werden; es treiben Bauern aus dem Paltenthale auf; die Hütten sind klein und zugleich die schlechtesten und schmutzigsten, die ich noch sah. Ich eilte bald fort und folgte dem Steig zum Reichenstein; von da sieht man auf die Fliz - Alpe hinüber; diese liegt niedriger am Fusse des Reichensteins; dahin führt ein Steig von der Kaiserau; Jenseits erheben sich die Jonsbacher Berge und ein ebenso niederer Sattel, die Neuburgalpe, über welchen man nach der Radmer gelangt; im Hintergrunde sind die Berge dieses letzten Thales; bald erreichte ich den Hohlweg und folgte diesem wieder abwärts zur Kaiserau, wohin ich in einer Stunde kam. Das Gebirge der Wagenbänke, sowie auch der Kaiserau ist Schiefer, an einigen Orten Kalk, der Kalbling und Reichenstein hat Kalk; oberhalb der Kaiserau liegt ein alter Bau auf Eisen, der aber nicht mehr betrieben wird. Nachmittags kehrte ich nach Admont zurück. Bei dem Stifte ist eine vortreffliche Wirthschaft, die gemeinschaftlich mit der Kaiserau betrieben wird. Jetzt ordnet sie der Prälat, und bringt sie empor durch Tilgung alter Missbräuche. Die zwei auf dem Wasser liegenden Dreschmaschinen sind sehenswerth, die eine auf schottische, die andere auf deutsche Art. Der Werkmeister vom Stifte erbaute sie. Abends kam die Nachricht, dass Se. Majestät den 16. d. in die Wildalpen jagen kommen werden; kurz ist die Zeit, um Anstalten zu machen, nichts destoweniger wird der Prälat Alles nach seinen Kräften thun. Da ihm dieses viel zu thun gibt, so beschloss ich, meinen Bündel zu schnüren, um weiter zu gehen. Gern wäre ich dabei erschienen, aber es dauerte mir zu lange und ich hatte keinen Ruf dazu erhalten.

Am 8. September, als am Frauentag, hörte ich in der Kirche ein schönes Amt von Haydn, vortrefflich ausgeführt; die schöne Orgel, die angenehmste, die ich noch hörte, macht eine liebliche Wirkung. Herrlich war das Wetter. Ich machte meinen Reiseplan nach Sekkau und die Alpen und beschloss, Montags abzureisen; auch schrieb ich meine Briefe nach allen Seiten. Nachmittags fuhr ich nach Hall; dieser Ort liegt nördlich von Admont eine halbe Stunde; in einem angenehmen Thale, auf einem kleinen Abhang befindet sich die Kirche. Die Häuser sind im ganzen Thale zerstreut. — Zwei Zwecke hatt' ich — die Salzquellen zu besuchen, dann den Drahtzug, der einer der besseren im Lande ist; dieser liegt eine halbe Stunde hinter Hall, da, wo die zwei Gräben, der Schwarzenbach- und der Mühlaugraben zusammenkommen; der zweite gibt das Wasser. In vielen Hütten zerstreut liegt das Ganze; es besteht aus einem Zerren-, einem Streck-, zwei Zainhämmern, dann den Drahtzügen mit der Zange, mit Walzen und Spulen; es werden hier 700 Centner Flossen verarbeitet und 400 Centner Draht, meist feine Gattung, erzeugt. Die Fabrik gehört dem Schreckenfuchs, er beschäftigt bei hundert Menschen theils bei dem Werke, theils bei den Holzschlägen, die alle in Stift Admontscher Waldung in seiner Nähe liegen. Das Werk soll sehr gut gehen, der Verschleiss ist meist im Inlande. Ehe ich die Salzquellen beschreibe, muss ich die Lage von Admont schildern.

Admont liegt mitten im Thale an der Enns, da, wo nördlich das Thal von Hall und südlich jenes vom Lichtmessberg sich vereinigen. Das Thal ist flach, eine halbe Stunde breit; die Enns hat ein seichtes Bett und fliesst träge; südlich von Admont liegen zuerst das Röthelsteiner Gebirge, das Thal des Lichtmessberges, im Hintergrunde der niedere Sattel gleichen Namens, an diesen reiht sich die Kaiserau und die Berge erheben sich, zuerst der lange Sparafeldberg, schon Alpe, oben flach und mit Wänden gegen Admont: dann kommt das Geisenthal, wo gewöhnlich Gemsjagden gehalten werden; im Hintergrunde erheben sich kahl der Kalbling etwas verdeckt, dann die Scharte und der kahle hohe Reichenstein. Diese Gebirge sind alle hoch und felsig, ihre unteren Abhänge sanft und waldig, und verlieren sich in das Ennsthal; nun schliesst sich das Thal südlich durch die kleinen Berge, nördlich durch den kleinen Buchsteinberg, eine untere Abstufung des Buchsteins; zwischen diesen hindurch windet sich die Enns über grosse Felsen abstürzend in das Gesäus. Eine halbe Stunde weit ist südlich der Eingang in das Jonsbacher Thal. Die am rechten Ufer des Baches, welcher aus diesem Thale hervorfliesst, gelegenen Gebirge erheben sich gerade, hoch, kahl und zerrissen; sie sind die höchsten der ganzen Gegend, unter ihnen der Zinedl und das Hoch-Thor. Am nördlichen Ufer der Enns liegt östlich von Admont frei der hohe Buchstein, eine gewaltige kahle Felsenmasse, mit allen seinen waldigen Abstufungen, eine niedere Ein-sattlung, die Buchau genannt, bebaut und voll Höfe, verbindet den Buchstein mit der nördlich gelegenen Kette und trennt das Thal von Admont von jenem von St. Gallen. Nördlich trennt das Ennsthal vom Lande ob der Enns eine kahle, hohe Kette, bekannt unter dem Namen Haller Berge; sie besteht aber eigentlich aus dem Grabnerthörl, Scheibling und Pirgas, dem höchsten; auf der Schneide ist die Grenze; vom Pirgas fällt das Gebirge stark ab und bildet einen niederen Sattel, über welchen ein Steig von Admont nach Stift Spital in vier Stunden führt; dann folgt der Posrukberg und nach diesem der niedere Pyhrn. Von dem nördlichen Gebirge trennen sich einige kurze Zweige, welche das Thal von Hall einschliessen und gegen die Enns auslaufen, der eine vom Grabner Wand-berg, der andere von dem Posruk. Der Haller-bach entspringt aus zwei Quellen, vereinigt sich bei dem Drahtzuge und fliesst südlich der Enns zu, oft trocken, aber im Ganzen sehr reissend und verheerend. Das ganze Ennsthal ist be-wohnt. — Admont liegt am rechten Ufer, das

Stift und ein Theil des Marktes erhoben und wasserfrei, der andere aber nicht. Mitten läuft der Bach vom Lichtmessberg durch den Markt, der gross ist und einige gute Häuser hat. Vom Stifte werd' ich später sprechen. Westlich eine Stunde liegt auf einer Anhöhe Frauenberg in einer schönen Lage; nördlich, wie ich sagte, Hall, eine halbe Stunde, und nordöstlich, eine Stunde Wegs, die Buchau; zwischen diesen Orten ist das Thal, in den höheren Gegenden voll Höfe, an der Enns Wiesen und Heuhütten. Dem Gesäuse zu liegt mitten im Thale ein grosses Torfmoor, welches das Stift für seine Eisenwerke benützt.

Jener Gebirgszweig, der vom Grabnerthörl kommt und östlich das Hallerthal begrenzt, hat eine Richtung von Nordost nach Südwest; zuerst Alpe, dann waldiger Berg, dann kleinere Zweige, in welchen Gräben sind, er heisst Lercheggberg und geht bei Hall aus. Zwei Gräben schliesst er ein; sie haben gleiche Richtung, nämlich den grossen und kleinen Salzgraben; in diesen entspringen mehrere Salzquellen; ich besuchte sie, eine halbe Stunde hat man zu steigen; im grossen Salzgraben ist die Salzquelle, die einen matten Geschmack hat und die Steine im Bache roth überzieht; sie ist verschlagen, und eine darauf geleitete Süsswasserquelle benimmt ihr fast den Geschmack; zwei alte Stollen-Mundlöcher findet man daselbst verfallen, oberhalb entspringt ebenfalls eine und im kleinen Salzgraben auch eine. Das Rindvieh geht diesem Wasser zu und es gedeiht ihm gut, vorzüglich zeichnen sich die Kälber aus; auch Wildpret hält sich da gerne auf; wo die Gräben in dem Dorfe Hall sich vereinigen, sind zwei Bauernhöfe, welche Ober- und Unter-Pfanner heissen. Hier standen die Pfannen, als noch Stift Admont Salz sieden durfte. Der Salzberg ist sonder Zweifel das Lerchegg. Der Salzstock setzt aber unter Hall fort. Der Leichenberg, welcher fast frei steht, niedrig und waldig ist, enthält die besseren Quellen; fünf entspringen daselbst, davon eine am Fusse, da, wo der Berg abgefallen ist, sehr hältig. Die Bauern benützen diese bei dem hohen Salzpreise zum Kochen. Kalkstein ist allenthalben, die Decke Gyps; weisser bricht am Lercheggberg, rothen fand man auch ein Mal, wo, weiss ich nicht. Am Zirnitzberg, welcher an den Posruk und Klamberg anstösst und Schiefer ist, waren Kupfergruben. Da, wo jetzt der Drahtzug steht, war die Schmelze; Schlacken trifft man noch an. — Merkwürdig bleibt es jedoch, dass sehr Wenige die wahre Kenntniss dieses Salzberges haben, dass die Beamten bei dreijähriger Unter-

suchung fleissig die Quellen am Lerchegg besuchen, von der reicheren aber nichts wissen.
Es wäre auch Schade, sie aufmerksam zu machen
und den armen Bauern die Wohlthat zu rauben,
die sie von diesem haben, da für sie die Salzpreise äusserst drückend sind.

Schön ist die Gegend von Admont; könnten
die Ueberschwemmungen der Enns hintange-
halten werden, so wäre es noch ein Mal so
angenehm, und was gewänne das Thal nicht an
guten, fruchtbaren Gründen? — Das Stift selbst
besteht aus mehreren Gebäuden aus dreierlei Zeit-
alter; der Convent das älteste, die Prälatur und
Foresterie neuer, der rückwärtige Tract das
neueste. Wäre das Stift nach dem Plane beendet
worden, so wäre es eines der schönsten in der
Monarchie; gross, geräumig ist es allerdings.
Die Prälatur und Foresterie ist schön und
gemächlich, der Eingang aber noch mit einer
alten Vertheidigungs-Mauer umschlossen, und
sehr unansehnlich. — Der Convent ist niedrig,
finster, der Kreuzgang voll elender Gemälde;
selbst in dem Theile der Foresterie ist der Saal,
wo die Bilder von Oesterreichs Kaisern sich
befinden, welche dem Stifte gewogen waren,
nichts weniger als schön; in diesem Gebäude
sind im zweiten Stocke die Prälaten-Wohnung
und die Gastzimmer, im ersten die Wohnungen

der Beamten. An die Prälaten-Wohnung stösst die grosse Stiftskirche, die im Geschmacke des 17. Jahrhunderts gebaut ist, voll plumper Verzierungen, nichts weniger als schön, mit zwei Thürmen; nur die Orgel von Chrismani, ein Meisterstück, verdient Erwähnung; sie ist nicht so stark als die zu St. Florian im Lande ob der Enns, aber weit angenehmer und schöner; da die erstere dadurch, dass man sie verstärken wollte, verdorben wurde. Sie ist stark ohne zu beleidigen, hat die schönsten Register, ist leicht zu spielen und die Bälge sind leicht zu leiten.

Das neue Gebäude enthält die Bibliothek; ein prächtiges Gebäude, mit Marmor aus Obersteiermark bekleidet. Die Schnitzwerke in der mitteren Runde von einem hiesigen Künstler sind sehr bemerkenswerth. In diesem Gebäude befindet sich jetzt das Gymnasium, welches vorher in Leoben war. An dem Stifte ist ein hübscher Garten mit gutem Obst, ohnweit davon der Kasten und die übrigen Gebäude, Wirthschaftsgebäude und Gründe.

Röthelstein liegt ebenfalls sehr schön auf einem Bergabhange rechts, wenn man in die Kaiserau fährt. Es ist zur Aufnahme des Stiftes im Falle eines Feuers bestimmt. Ueber den jetzigen Prälaten (Gotthard Kugelmayr) ist nichts als Gutes zu sagen; er ist hinlänglich bekannt; er ordnet, und führt das Ganze sehr gut; ich wünschte für seinen Verstand einen grösseren Wirkungskreis, es stünde dann anders um die Cultur der Länder.*) Wenn er noch 20 Jahre lebt, so wird in Admont alles Alte abgestorben sein und eine auserlesene Geistlichkeit daselbst sich befinden; denn unter den Jungen, die heranwachsen, sind viele gute Köpfe.**) Ist einmal der Grund gelegt, der alte Sauerteig ausgemerzt, so pflanzet das Gute sich fort, schwer ist es dann mehr zu vernichten. Er kennt sein Land sehr genau, und ich wünschte, seine Stimme würde mehr auf dem Landtag gehört, es wäre oft sehr gut. Es ist wahr, dass in seinem Stifte die Priester, vorzüglich die alten, ihn nicht lieben, denn er beschränkt ihre Missbräuche, und lässt sie nicht mehr walten wie sonst; er hat überall Beamte statt Priester und verwaltet selbst das Ganze, und wie es mir scheint, ohne die andern viel zu fragen; er lebt wohl, und ist im Ganzen höchstens $1/4$ Jahr da, sonst meist in Graz.***) Der Neid, dass es ihm besser gehe, ist natürlich.

---

*) Späterer Zusatz im Tagebuche von des Erzherzogs Hand: „Er war allerdings ein tüchtiger braver Mann, sah auf Disciplin und Bildung, aber er verstand nicht zu wirthschaften. Dadurch brachte er sein Kloster tief in Schulden, welche erst im Jahre 1839 so weit geordnet wurden, dass das Stift bestehen bleiben und wieder selbständig sein konnte."
**) Spaterer Zusatz: „Das hat sich bewährt, da sie tüchtige und brave Manner haben."
***) Spaterer Zusatz: „Das war eben sein Fehler."

dafür hängen ihm aber die Beamten, die er
trefflich leben macht, und alle Unterthanen, die
er gerecht regiert, sehr an. Nur eine Stimme
ist über seine Herzensgüte und Freigebigkeit;
er unterstützt, wo er kann; kurz, ich wünschte,
er wäre so ein geistlicher Fürst mit 5—600.000 fl,
Einkünfte, oder Primas; da wär' er an seinem
Platze; weniger beschränkt in seinen Unter-
nehmungen, könnte ihn ein Regent vortheilhaft
ad consultandum brauchen; er hat nie klein-
liche Rücksichten, sondern geht in das Wahre,
in's Grosse. Als Benediktinerabt wünschte
ich ihm einen beschränkteren Kopf und einen
grösseren klösterlichen Geist. Bei all' dem wird
die Folge zeigen, dass sein Kloster sehr ge-
schickte Köpfe hervorbringen wird, denn der
Keim liegt da. Ich sah Admont oft, und natürlich
waren beim Empfange die Priester da; ich sah
in früheren Jahren viele alte, von denen ihr
Gesicht wirklich sagte, was sie waren; jetzt
aber jedesmal mehr junge Priester mit sprechen-
den ernsthaften Gesichtern, wo bei vielen Herz
und Geist hervorleuchtet. Ich wünschte wahrlich
hier einen erspriesslichen Fortgang, weil ich
den Mann persönlich schätze und seinen Werth
anerkenne.

Am 9. September geschah nichts in der
Frühe, denn es war Sonntag. Nachmittags war

eine Gemsjagd im Geisenthal, wo es wirklich am besten zu jagen ist, wenn es darauf ankommt, schnell etwas zusammen zu bringen. Drei wurden geschossen; Abends machte ich Alles zur Abreise bereit.

Am 10. September Früh blieb ich zu Hause und benützte den Vormittag zu Gesprächen mit dem Prälaten, um manche meiner Begriffe und Daten über Steiermark zu berichtigen, und fand, dass er meist so die Gegenstände betrachtet wie ich. Ich will hier zu meiner Erinnerung den Inhalt dieser Gespräche nur mit einigen Schlagworten anmerken:

a) Mittel, den Clerus zu ergänzen und ihn unterrichtet zu erhalten; wie die Klöster dazu zu gebrauchen.

b) Steuer-Ausgleichung in Steiermark jetzt eine palliative; dann

c) die Steuerregulirung.

d) Steuervereinfachung durch eine Grundsteuer aus 10 %; Erbsteuer, wodurch alle Stände in's Mitleid gezogen werden; sie bringt mehr, ist einfacher, billiger und weniger drückend.

e) Ausgleichung der Unterthanen nach berichtigter Steuerpercentirung ist nothwendig.

f) Werbbezirksbeamte in kais. Sold; Vereinigung mehrerer kleinerer Werbbezirke. Besoldung der Beamten durch eine Abgabe auf Laudemien, Mortuarien des Dominicale.

g) In Rücksicht der ständischen Verfassung denkt er wie ich.

Ich endigte mit ihm mein Geschäft, St. Martin*) betreffend, und jetzt fehlt nichts als des Kaisers Consens. Wenn mir da mein böser Genius nur nicht wieder einen Streich spielt; es wäre wahrlich niederschlagend für mich, denn manch' Gutes würde vielleicht um Jahre verzögert.

Nachmittags nahm ich herzlichen Abschied von meinem Prälaten, und versprach, ihn in der Weinlese zu besuchen, bat ihn auch, meinem Herrn meine tiefste Ehrfurcht zu bezeugen, und zu melden, dass er, obgleich Prälat, mich habe bereden wollen, auf die Jagd zu kommen, ich dennoch nicht gehe, weil der Kaiser mich nicht berufen habe, und ich mich nirgends, wo ich nicht Befehl habe, aufdränge, aber dennoch mir schmeichle, er würde mich auf meinem Raubneste (Thernberg) mit einem Besuche beehren.

Um 3 Uhr setzte ich mich in den Wagen, und fuhr über den Lichtmessberg. Ich liess die Kaiserau links liegen, und folgte der Strasse, die gleich abwärts in das Paltenthal führt. Der

---

*) Erzherzog Johann beabsichtigte damals, die Admont'sche Herrschaft St. Martin bei Graz für sich kauflich zu erwerben.

Weg ist einförmig, grösstentheils geht er der Berglehne nach durch den Wald. Einige schöne Fichtenwälder und Bäume verdienen ihrer Höhe und Dicke wegen bemerkt zu werden; zu Zeiten sieht man hinab in das Thal auf Lorenzen, und auch die Beschädigungen, welche die Bergwässer jährlich machen, dann auf das gegenüberstehende hohe Gebirge des Bösensteins, welches zwischen dem Tauern, Strechauthal und Oppenberg liegt. Drei Stunden hat man von Admont nach Trieben, wo ich übernachtete. Dieser Ort liegt am Tauernbach, da, wo derselbe aus einer engen Schlucht hervorströmt; die Admontischen Hammerwerke mit 11 Feuern sind an demselben gebaut, jetzt verpachtet, künftiges Jahr in eigener Regie; all' ihr Holz kommt den Tauernbach entlang heraus. Die Bewohner dieser Gegend, stets im Kampfe mit dem Wasser der Palten und dem Schutte der Gebirge, gehören, obschon sonst das Thal schön und fruchtbar ist, zu den ärmeren.

Am 11. September Früh um 5 Uhr setzte ich meinen Weg fort; Anfangs nach der Strasse des Tauern. Gleich im Orte (Trieben) geht es aufwärts. Dann immer am rechten Ufer des Baches, eine Stunde weit, und man erreicht die Gegend, wo die Gewässer sich theilen; der Tauernbach und der Triebenbach, ersterer kömmt südlich, letzterer östlich hervor, die Strasse folgt letzterem noch eine halbe Stunde. Die Gebirge bestehen meist aus Schiefer, und sind sehr brüchig, daher stürzen manche Strecken herab; der Weg muss oft hergestellt werden. Am Triebenbach öffnet sich das Thal, und mehrere Höfe liegen etwas erhoben. Eine halbe Stunde von der Vereinigung der Bäche wendet sich die Strasse südlich in eine Schlucht, und verlässt den Triebnerbach. Von da ist es noch eine starke halbe Stunde bis auf die Höhe des Tauern, wo das Tauernwirthshaus stehet. Von dem Orte, wo die Bäche sich trennen, geht ein näherer Steig nach dem Tauernbache hinauf durch den Sunk. Diesen Namen hat die Schlucht daher bekommen, weil der die zwei Bäche trennende, und aus Kalkstein bestehende Berg zum Theil abstürzte, und das ganze Thal verschüttet hat; unter den grossen Massen, die dasselbe füllen, versinkt der Bach, und erscheint wieder am Fusse derselben. Eine Stunde hat man zu gehen, bis man das Thal des Tauern erreicht; nun öffnet sich dasselbe, und etwas seitwärts liegen die 3 Seen, die Salblinge und Forellen enthalten und zu Admont gehören. Westlich blickt man auf das hohe Gebirge des Bösensteins und auf die zerrissenen Wände des Mandls, wo noch Schnee in den Schluchten lag. Ueber einen grünen Abhang erreicht man die Tauernhöhe, die bewohnt und bebaut ist, und dann sanft gegen St. Johann im Tauernthal abfällt; die Wässer fliessen der Pöls, und durch diese der Mur zu. Von Lorenzen kann man ebenfalls den Sunk über die niedern Bacheralpen erreichen, wo mehrere aus dem Paltenthale auftreiben. Ich setzte mich zu Pferd, und verfolgte das Triebenthal in seiner Richtung nach Osten. Noch zwei Stunden weit ist das Thal bewohnt; es ist zwar rauh, weil es hoch gelegen, doch ziemlich breit und angenehm; nördlich trennen es niedere grüne Alpen vom Paltenthal, südlich höhere vom Tauern und vom Tauernthal. An den letzten Höfen, bei dem Bichlmayer macht es einen schönen Kessel; südlich liegt in einem Seitengrunde eine Alpe zu Admont gehörig, wo das junge Vieh des Stiftes übersommert; durch einen Sattel kömmt man von da nach St. Johann (am Tauern). Die Gegend ist einförmig; man baut Korn, Hafer, Gerste, die Wiesen sind gut, die Waldungen beträchtlich, und werden für Trieben benützt. Nach dem letzten Hause kommen noch einige Lehen, die im Sommer als Voralpen und Alpen benutzt werden, und wo die darauf stehenden Lehner etwas Getreide bauen. Nun wendet sich der Weg südlich; links lässt man die grosse Griesanger-Alpe, wo über Bärensol ein Steig zum Ursprung der Liesing führt. Der Weg geht Anfangs durch den Wald bei Alpenhütten vorüber, dann über einen steilen Abhang hoch hinauf, rechts bleibt die Modringer Alpe in einem Kessel gelegen; diesen umgeben westlich der Griesstein, südlich die zerrissenen Amtmann- und Gamskogeln; in deren Schluchten Schnee lag; von dem letzten Hause rechnet man 1½ Stunde zu steigen bis an die Kettenthaler Alpe, die ich durchritt. Von da geht es zwischen abgefallenen Steinen und Krummholz noch eine Stunde bis auf die Höhe des Triebnerthörls. Blickt man zurück, so übersieht man das ganze Triebenthal und die jenseitigen Berge des Paltenthales, über diese die hohe Kalkkette bei Admont. Die Alpenhütten sind im ganzen Brucker Kreise klein, und nicht zum reinlichsten. — In den Gebirgsarten fand ich nichts besonderes; Thon, Schiefer am Tauernbach, Kalk bei dem Sunk, im Triebenthal Thonschiefer, Glimmer, Chlorit wenig; Gneis, Granit mehrere Gattungen, einige röthlich mit mehr Feldspath; an Pflanzen ist wenig da, weil die *Erica* Alles erstickt; nur auf der Höhe bei dem Triebenthörl einige; leider war Alles vom Vieh abgefressen, doch sah ich die *Valeriana celtica, Cucubalus pumilio, Piretrum alpinum*, *Anthemis*, *Pedicularis* auch, doch welche, weiss ich nicht, weil sie nicht blühte.

Von der Höhe sieht man hinab in das Ingeringthal bis zu dem See; rechts auf der Höhe liegt das Gaalthörl, wohin man von der Stelle, bei der wir waren, in einer kleinen halben Stunde gelangen kann; links davon liegt der kegelförmige Sonntagkogel; östlich von dem Ingeringthal der hohe Saukogel. Wir ruhten auf der Höhe aus, dann gieng es hinab dem Thale nach; äusserst einförmig ist es, nichts trifft man an. Zwei Stunden bis zu dem See hat man zu gehen, ein trauriges Thal, die Gipfel grün, die Abhänge Wald, grösstentheils auf eine unwirthschaftliche Art in grossen langen Strecken abgestockt. Alles wird auf dem Bache nach dem Sekkauer Hammerwerke geflösst; vormals waren zwei Seen, der obere ist abgelassen, der grosse besteht noch, und wird mittels einer Klause geschwellt; unweit davon ist des Holzmeisters Wohnung; oberhalb des See's, auf einem Abhange die Hofalpe von Sekkau. Einige Bauern haben im Thale Alpen; östlich liegt das Höllenthal, hoch ist's hinauf zu steigen, dann zieht es sich in das Gebirge, zu beiden Seiten Wände, und so auch gegen Kalwang. Hier fand Haenke die *Gentiana algida* (*frigida*), ich hoffe sie auf dem Zinken zu erhalten. Vom grossen See sind noch zwei gute Stunden dem Thale nach bis Wasserberg; erst eine Stunde vorher fangen die Lehen, und dann ganz nahe erst die Bauernhöfe an. Alpen giebt es mehrere. Oestlich des grossen See's etwas weiter im Thale ist der Reichenberg, so genannt, weil er viele Erzgänge hat; ich fand am Ausgange des Thales noch einen alten Haufen Erz; Kupfer, Kies, der goldhältig ist, soll vorkommen; im Höllgraben in einer Kluft aber blaue Erde, die ich habe holen lassen. Wie man die Gegend von Wasserberg erreicht, wird das Thal breiter; hier vereinigt sich der Ingeringbach mit dem Gaalgrabenbach; das Schloss Wasserberg liegt auf einem Abhange zwischen beiden, etwas erhoben; es ist 1463 erbaut, ganz im alten Styl, wenig bewohnbar. Bären- und Wolfsköpfe zieren das Thor. Von dem Schlosse hat man eine schöne Uebersicht nach dem Thale, voll Bauernhöfe und bebaut; vorne der Forstberg, und seitwärts liegen die fruchtbaren Höhen gegen Sekkau; durch das Thal hinüber sieht man auf die hohen Alpen, gegen die Lobming und die Stubalpe. Nördlich kann man unweit des Schlosses in den Gaalgraben auf die Pfarre St. Peter sehen; waldige Mittelberge trennen dieses Thal von Fohnsdorf, und weiter von Zeiring, wohin vier Stunden zu gehen sind.

In Wasserberg besah ich das Schloss, es gehört dem Bischof von Sekkau; von da ritt ich durch das schöne Thal hinab zwischen Wiesen, Felder und Höfe bis gegen das Hammerwerk, wo sich das Thal durch den Forst und das jenseitige Mittelgebirge schliesst und jenen engen Graben bildet, der bei Knittelfeld mündet. Am Eingange liegt das Sekkauer Hammerwerk mit 6 Feuern und 5 Schlägen. Von da wendete ich mich links, und über die Höhe Sekkau zu, von Wasserberg 1½ Stunde; nördlich blieb der Vorwitzgraben mit seinem schönen zu Sekkau gehörigen Maierhofe. Nun entdeckt man den Zinken, die Sekkauer Alpen, die Hochalpe mit ihrer Kirche, grün, hoch und sanft die Abhänge; südlich der Forst, ebenso der Kalvarienberg. Sekkau sieht man nicht eher, bis man ganz nahe daran ist; ein hübscher Markt, ein schönes Stift; leider aufgehoben, und jetzt auf die gewöhnliche Art benützt. Die Lage ist herrlich. Nördlich der Kranz der Alpen mit kurzen Thälern, schöne alte hieher gehörige Waldungen, westlich niedere bebaute Höhen, gleich an Sekkau der eigene grosse Meierhof, weiter Bauernhöfe bis Wasserberg; südlich der schöne Forstberg, südöstlich und östlich die Gegend bis an die Mur sanft abfallend; ein weiter Ueberblick auf Dürrenberg, Prank, welches hieher gehört, St. Martin, Lorenzen, Kobenz, einen Theil des Eichfeldes, auf die Berge von Lobming, Kraubat und Leoben, auf die Gleinalpe u. s. w. Ich kam Abends an, und liess mir einen Plan vorlegen, wie die Gegend zu besehen wäre. — Es wurde zu Abend gegessen und zu Bette gegangen; erst Nachts kamen die Wagen über Zeiring und Fohnsdorf an. — Einige Barometer - Messungen gehören hieher, da aber das Quecksilber nicht ganz rein, auch der Barometer neu gefüllt war, so kann ich für die Richtigkeit nicht gutstehen.

Am 7. September. Kaiserau 1 Uhr Nachmittag: 300½ Barom., 14 Therm.

Am 8. September. Admont 1 Uhr Nachmittag: 318 Barom., 15 Therm.

Am 11. September. Trieben 5¼ Uhr Früh: 310¼ Barom., 14 Therm.

Am 11. September. Triebenthörl 9¾ Uhr Früh: 273 Barom., 18 Therm.

Den 12. September. Obgleich ich schon an eben demselben Nachmittage die Kirche besuchte und mir alle Alterthümer zeigen liess, so erlaubte die Dämmerung nicht, Alles genau zu übersehen. Ich benutzte den heutigen Vormittag, um mein Tagebuch fortzusetzen; und als sich der dichte Nebel verzogen hatte und Hoffnung auf schönes Wetter gab, machte ich meine weiteren Reiseanstalten und besuchte die Kirche. Das Stift Sekkau muss eines der schönsten gewesen sein; vorne ist ein länglicher Hof, welcher die Prälatur und Foresterie umgiebt, etwas seitwärts stehet dann dahinter die Kirche; zu beiden Seiten derselben waren zwei Vierecke für den Convent; leider ist das nördliche ganz eingerissen; vier Thürme waren da. Ueberhaupt trägt das vordere grössere Gebäude das Gepräge des 17., die hinteren des 16. Jahrhunderts. Nach Anzeige des hiesigen Pfarrers, eines Chorherrn des ehemaligen Stiftes, waren die Gebäude im besten Stande, vollkommen eingerichtet; kurz, es fehlte an nichts, jetzt ist kaum ein Stuhl für den Beamten darinnen. Die Kirche ist vom Jahre 1163, stehet noch ganz, und ist eines der herrlichsten Gebäude, die ich jemals sah; sie liegt etwas tiefer; zum Portal führen 10 Stufen abwärts, es ist ganz von Quadern (Tufstein brauner Farbe) gebaut noch von der ältesten Zeit mit dünnen Säulen, Bögen und Verzierungen; an diesem ist noch der alte Weihbrunnkessel. Durch dieses kömmt man in die Kirche; oberhalb der Thüre ist ein altes Gemälde. Die Kirche bildet ein langes Schiff mit zwei parallel laufenden Seitenschiffen, niedriger als das mittlere. Diese werden durch Säulen getrennt, welche Bögen vereinigen; alle halbkreisförmig, diese tragen das hohe Gewölbe mit seinen einfachen Rippen. Die Säulen sind rund, einfach, jede hat ein Capitäl mit Verzierungen, von denen keine jenen der andern gleicht. Man sieht darinnen den Uebergang der alten Säulenordnung in die gothische Bauart. Die Einfachheit, das Verhältniss des Ganzen gibt der Kirche ein majestätisches Ansehen. Im Hintergrunde steht der Hauptaltar; leider wurde der rückwärtige Theil durch eine elende Malerei und Marmorirung verunstaltet. Auf dem Hauptaltare steht ein kleines Frauenbild von Stein, welches von der Stiftung herrührt, und damals von einem Baume, *hic secca*, gesprochen haben soll. Am Fusse des Altars in der Kirche ist das Grab des Grafen Adelram von Waldegg, des Gründers dieses Stiftes. Nebst dem Hauptaltare sind an allen Säulen Altäre angebracht, rechts vom Hauptaltare steht im Seitenschiffe ein sehr alter Altar, links das herrliche Grabmal Erzherzogs Karl von Steiermark, des Vaters Kaiser Ferdinands II. Dieses ist ganz getrennt; Säulen von weissem Marmor mit erhobener Arbeit bilden die Hauptpfeiler, dazwischen eine Ballustrade von Bronze, stark vergoldet, die von der Höhe des Zwischengewölbes der Säulen bis hinab laufen, vom Hauptaltare gesehen, nimmt es den Raum von

3 Abtheilungen ein. Die gothischen Säulen sind umgestaltet und dem Ganzen angemessen gemacht. Ober dem einen Theile ist der Kopf Erzherzog Karls in weissen Marmor, auf der einen Seite oben hängt sein Schwert, Dolch und Sporen, auf der anderen sein Helm mit Pfauenfedern; mitten das österreichische Wappenschild mit dem Herzogshute, umgeben von den übrigen Wappen auf rothem Atlas mit Gold gestickt. Das Ganze gewährt ein schönes Ansehen. Von dem Seitenschiffe der Kirche gelangt man durch eine eiserne Gitterthür hinein; weit schöner ist das Innere. Zur Linken liegt der Sarg aus rothem Florentiner Marmor; umgeben mit Basreliefs, die die Passionsgeschichte vorstellen, aus carrarischem Marmor. An den 4 Ecken sind 4 Engel ebenfalls aus gleichem Marmor. Auf dem Sarge liegen, aus weissem Marmor gehauen, Erzherzog Karl und seine Frau, eine Herzogin aus Baiern, sehr schön gearbeitet. Die ganze Kapelle ist herrlich aus gemalt; oberhalb dem Altare ist die Verklärung Christi; dann ober dem Sarge Christus, wie er die Kinder zu sich ruft. Auf diesem Bilde stellte der Maler sich als Christus dar, und die übrigen sind die Abbildungen des Erzherzogs, seiner Frau und Kinder; in den übrigen Zwischenräumen sind die vier Evangelisten gemalt, dann

befinden sich hier noch mehrere kleine Gemälde, welche Ereignisse aus dem Leben Mariens vorstellen. Die Decke ist in zwei Abtheilungen getrennt, die nächst dem Altare stellt Gott vor, umgeben von den Engeln, welche Musik machen; die an der Thüre die Himmelfahrt Mariens und die Apostel. Ich fand das Ganze sehr schön. Erzherzog Karl liess das Ganze bei seinem Leben erbauen, erlebte aber die Beendigung nicht. Seine Frau liegt in Graz, er und seine Kinder hier. Ein Stein vor der Thüre des Mausoleums deckt den Eingang zur Gruft. Nebst diesem stehen in der Kirche manche Alterthümer, als die Wappen und Helme der Herren von Prank und Pux, manche Grabsteine der alten Bischöfe von Sekkau, weil dieses Stift ihre Kathedralkirche war, und alte Altäre. Links, wenn man eintritt, ist eine sehr alte Seitenkapelle, wo an der Wand die Bischöfe abgemalt sind, sie liegen in einer Gruft unterhalb; in dieser Kapelle wurde sonst zu Zeiten Chor gehalten, den Fussboden deckten die alten Grabsteine der Bischöfe, Aebte und Aebtissinnen, diese hat man zum Theile herausgerissen und verwendet, um die Thürme ausserhalb zu verkleiden, und dieses vor — — — 3 Jahren!!! Da stehen sie nach der Seite, manche mit dem Bilde eingemauert, mich ärgerte dieses gewaltig. Noch stehet in der Kirche ein alter Taufstein aus dem 15. Jahrhundert, ebenso unter dem einen Thurme; rechts von dem Hauptaltare ist die eben so alte Sakristei; an diese stösst der alte Convent, der Kreuzgang mag aus dem 16. Jahrhundert sein. Er ist ein Stock hoch, die Säulen sind mit rothem Marmor verkleidet; eine alte Kapelle, um 100 Jahre später gebaut als die Kirche, steht rückwärts; in dieser sieht man noch den alten Chor und die alten Sitze der pontificirenden Geistlichen. Hie und da findet man noch in der Kirche gemalte Gläser; die Kirche ist prächtig; nur Schade, dass sie der Pröbste einer weissigen liess, um sie lichter zu machen; sie war so wie das Portale. Aeusserst befriedigt kehrte ich nach Hause zurück.

Das Stift Sekkau war eines der schönsten, es besass die Herrschaft Sekkau, die grösste der oberen Steiermark, mit Dürrenberg, Prank und Hauzenbühl; ersteres ist verkauft worden; dann in Untersteier die Herrschaft Witschein mit vielen Weingärten. Der Probst und die Chorherren dieser alten Kathedrale lebten gut und genossen alle Vorrechte regulirter Domherren. Alles war auf einem guten Fusse und sehr ordentlich verwaltet; jetzt sind die Meierhöfe stückweise verpachtet, die Alpen ebenfalls;

die Waldungen werden theils für den eigenen Hammer, theils für Vordernberg benutzt:

11.166 Joch Waldungen.

 242 „ Aecker,

 465 „ Wiesen,

2575 „ Hutweiden,

1100 Unterthanen,

 600 Forst- und Zehendholden,

Teiche, Mühlen und ein schönes Hammerwerk, welches jetzt getrennt verwaltet wird. Alles war in Mappen aufgenommen, Sekkau im Relief in Holz; Alles ist weg; die Einrichtung versteigert und verbrannt, wahrlich, Spuren des Vandalismus; der unvergessliche Kaiser Joseph wurde schlecht bedient. Das Stift betrieb mehrere Werke; an dem Zinken, an der Kühberger Alpe, in der Ingering wurde auf Kupfer und Gold gearbeitet; das wichtigste, welches blos durch Aufhebung des Stiftes in Verfall gerieth, ist jenes in Schönberg. Ich besitze die Erze davon; es sind kupferreiche Kiese, manchmal gediegen Kupfer; ein geführter Zubaustollen brachte sie auf ein Nest, welches in einem Jahre 12.000 fl. rein abwarf. Der zweite Zubaustollen war eben in der Arbeit, als das Stift aufgehoben wurde. Da die Gruben im Vorgebirge in Schiefer liegen, so würde sich's der Mühe lohnen, sie zu bearbeiten. Kupfer und Gold sind die Producte. Der hiesige Pfarrer, der einst das Ganze leitete, hat Kenntniss davon.

Um 12 Uhr ward zu Mittag gegessen, und da das Wetter sehr schön geworden war, ritt ich Nachmittags der Hochalpe zu. Der Weg geht Anfangs durch die schöne Sekkauer Gegend zwischen den Bauerngründen durch, bei den Teichen vorüber, dann links in den Sekkauer Graben. Man hat die Hoch- und Sekkauer Alpe, die Dürrenberger Hütten und die Kirche auf der Hochalpe vor Augen. Auf dem halben Wege bis zu den Dürrenberger Hütten ist der Kühberger Bauer; er ist der letzte in dem Graben an der Sonnseite gelegen, der stärkste in der Herrschaft. Er besitzt 40 Joch Aecker zu 1200 □ Klafter; 60 Joch Wiesen und Weiden, eine Alpe im Graben, dann stückweis Wälder; er hält 30 Kühe, 2 Pferde, 8 Ochsen, bei 40 Schafe und Schweine. Die Benützung des Melk- und Kleinviehes ist die nämliche wie im Ennsthale. Er hat seine Aecker in 3 Theile getheilt; 1. gedüngt Korn, 2. Hafer oder Sommerweizen, Gerste, letztere etwas gedüngt, 3. Brache, welche durch die Schafe gepfercht wird. Auf kleinen Flecken baut er Bohnen, Erdäpfel, letztere für die Schweine. Zur Streu hat er Reisig und Stroh. Seine Dienstleute bestehen aus 8 Knechten und 4 Mägden; er verkauft Hafer und Vieh. Die Ställe sind gewöhnlich unten in Abtheilungen für 2 und 2 Stücke, dass sie frei sich bewegen können; mitten ist der Futterstand, dazwischen der breite Gang; der Mist bleibt so lange im Stalle, bis man ihn benützt. Oberhalb ist die Scheune und Dresche; getrennt steht das Vieh nach der Art, und die Körner nach der Gattung; die Acker-Werkzeuge sind die Arl mit doppelten unbeweglichen Streichbrettern, der Leiterpflug, eine schwere und leichte Egge, Mistkarren auf zwei Rädern, dann ein vertiefter Wagen zu Getreide und Heu, der viel fasst, und mir sehr gut zu sein scheint. Das Vieh ist weiss, auch roth, gross und schön. Von da ist es $1\frac{1}{2}$ Stunde bis auf die Dürrenberger Alpe. Hier übernachteten wir; ein schöner Abhang, vom Walde umgeben, bildet sie; die Hütte ist von Stein und gemauert; sie besteht aus einer gewölbten Küche, 3 Stuben und dem Boden; zwei benützt als Wohnung die Brenntlerin, die dritte ist die Milchkammer; zunächst ist der Trempel für das Kuhvieh und jener für das Kleinvieh, die Alpe ist ganz eingefriedet; sie gewährt eine sehr schöne Aussicht. Sekkau liegt mitten im herrlichen Thale, und doch so nahe, dass man alle Gegenstände übersehen kann: den Forst,

die Höhen gegen Fohnsdorf, den Kranz der
Alpen, die den Judenburger vom Grazer Kreise
trennen, einen Theil des Eichfeldes, so vortrefflich bebaut und voll Dörfer! — Da es
heiter war und ich frühzeitig ankam, so beschloss
ich, allein die Kirche zu besuchen. Ein gemachter
Weg führt Anfangs über die Weide, dann
durch einen kleinen Wald von alten Alpen-
fichten hinauf zur Hochalpe, wo Ochsen aufgetrieben werden; eine schlechte hölzerne Hütte
liegt auf derselben; da hört der Wald auf;
über einen grünen Rücken gelangt man zur
letzten Höhe, wo noch einige Fichten stehen,
dann längs derselben bis auf die Schneide, links
bleibt die Kühberger Alpe und ein steiles Thal;
von der Schneide sieht man hinab in den
Feistritz-Graben. Eine Stunde hat man in Allem
bis zur Kirche, die auf dem letzten Gipfel dieser
Alpenkette liegt. Die Aussicht von der Höhe
ist einzig, ein wahres Panorama! Nur die
höheren Sekkauer Alpen verdecken einen Theil;
zuerst Sekkau und der Forst, rechts die Wasser-
berger Waldberge, über diese die Ebene von
Weisskirchen, der Ort selbst, und das Schloss
Eppenstein. Judenburg verdecken die näheren
Berge; hinter diesen die Kette der Judenburger
und Seethaler-Alpen, die Saualpe; rechts davon
die niedrigen Berge bei Pöls und Unzmarkt,

sodann die Lambrechter- und Murauer Alpen und nach weiter rechts eben noch sichtbar die Preber-spitze. An den Forst reihet sich zuerst das schöne untere Eichfeld und alle Abfälle der Gebirge; man sieht zunächst Dürrenberg und Prank, dann St. Marein, Kobenz, die Gulsen, Lorenzen; etwas rechts Gross-Lobming. Nun steigen die Berge immer mehr empor, alle hoch hinauf bebaut, den Gross- und Klein-Lobming-Graben an Weisskirchen zuerst der hohe Gressenberg, die Stubalpe, die Lankowitzer Alpen, die Lob-minger und Gleinalpen, der Speikkogel. Man sieht, wo die Wege über die Stubalpe, in die Graden und nach Uebelbach führen; dann schliesst die Ebene einerseits die Gulsen, anderer-seits die Abfälle des Gebirges. Von der Glein-alpe östlich sieht man die Berge von Leoben, Bruck, den Lantsch, das Rennfeld, das ganze Mürzthal nach seiner Länge; endlich die Spitaler alpe, den Wechsel, Semmering, die Rax- und die Schneealpe. Die niederen Gebirge liegen durch die nahen Sekkauer Berge verdeckt; das schöne Gemenge der Höfe, Dörfer, vorzüglich das herr-liche Eichfeld und die sanfte Alpenkette, gegen den Grazer Kreis, das schöne Thal von Sekkau, mitten das Stift, gewähren einen herrlichen Anblick, an dem ich mich lange weidete; jetzt besuchte ich die Kirche; sie ist klein, gewölbt,

schmutzig und im elendesten Zustande; zwei
Altäre sind da, aus dem oben vorkommenden
Gneis zusammengesetzt, auf dem einen Maria
Schnee, auf dem anderen der heilige Leonhart.
Ich ging bald hinaus; so etwas Elendes hatte
ich nie gesehen, unter einem Bretterdache hinter
der Kirche sind einige Beichtstühle von Brettern
zusammengeschlagen, auf der Kirche ist eine
kleine Glocke. Unterhalb der Kirche ist eine
elende Hütte, in der die Geistlichen sich aufhalten, wenn sie Messe lesen; dieses geschieht
jährlich zweimal, am grossen Frauentag und
noch einmal für die Hirten und Alpenleute,
welche während der Alpenzeit nicht zur Kirche
hinabkommen können. Einige Tausend sollen
am ersten Festtage da zusammen kommen. Das
Gestein hier ist durchgehends Gneis und Quarz,
etwas Feldspat, Granit, selten Chlorit. Von da
kehrte ich den nämlichen Weg zurück auf die
Alpe, wo ich übernachtete. Der Abend war
kalt, jeder trachtete zeitlich in die Hütte zu
kommen. An Pflanzen fand ich wenig, Alles
war vom Vieh abgefressen. *Azalea procumbens,*
Cucubalus pumilio, Valeriana celtica, Silene
acaulis, Campanula barbata.

Am 13. September Früh um 8 Uhr brachen
wir auf, es gieng hinauf zuerst über die Hochalpe zur Kirche, dann nach der Schneide fort

über die Sekkauer Alpen; obgleich es heiter war, hatte sich doch ein heftiger kalter Wind erhoben, der, je höher wir kamen, desto stärker wurde. Wie die Höhe erreicht war, stieg ich ab, und gieng von dem höchsten Kogel längs den Wänden dem Feistritzgraben zu; auf dieser Alpe hatte ich eine vortreffliche Aussicht. Hinter der Stubalpe erheben sich die Schwanberger Alpen, der Rosenkogel; im grauen Dunkel rechts die Kalkkette südlich der Drau zwischen Kärnten und Krain, ausgezähnt; links kaum sichtbar der Bacher; über die Brucker Alpen der Schöckel und die Passailer Berge, nördlich weit ausgedehnter die Raxalpe, die Neuberger und Veitsch-Alpen, die ganze Kette der Wildalpe, unter ihnen als der höchste, der Hochschwab mit seinen Schneegruben, tiefer die Ketten, die von ihm ausgehen, und die Aflenzer und Tragösser Thäler einschliessen; dann die Vordernberger Gebirge, der Reichenstein, Kaiserschild, Fölz; zwischen durch der Ebenstein wie ein Kasten, der Brandstein, die Palfauer Gebirge, die Gösslinger Mauern; zunächst der steile, auf seiner Höhe ganz grüne Reiting; niedriger als wie die niedrigen bewachsenen Alpen des Weitbodens (Radmer zu); endlich nordwestlich der Lugauer, die Jonsbacher Berge, über alle der Zinedl, und als der höchste das Hochthor; dann der Reichenstein und die Admonter Berge. Der Zinken hinderte die weitere Uebersicht. Ganz an der Wand, wo wir standen, liegt unten der Ursprung des Feistritzbaches; jenseits ein niedriger Zweig, der uns das Liesingthal verbarg. Von der Höhe, wo wir waren, trieb uns der heftige Wind herab in die Seeangerin. Der Ursprung der Feistritz heisst das Kudenthal, in diesem erblickt man einige schwarze Lachen; das Gebirge fällt steil und steinig dahin ab; südlich liegt zuerst, wie ich sagte, das Kuhwegthal, dann der Schweigergraben, die Höhe heisst die Schweigerhöhe. Zwischen dieser Höhe und dem Zinken liegt der Hemmerkogel, vielleicht der Name von den Hemmen, einer Pflanze, die auf den Alpen häufig wächst. Unten bei der Seeangerin ist ein See ganz von abgestürzten Steinen umgeben, welche den Zu- und Abfluss zum Theile anfüllen. Hier ruhten wir geschützt vorm Winde. Ich sandte einen Jäger hinauf zum Zinken, um ihn zu messen und Pflanzen zu suchen. So bewachsen und sanft er auf allen anderen Seiten ist, so zerrissen ist er gegen Norden, wo er gegen das Gotsthal Wände bildet; 1½ Stunde hätten wir noch hinauf gehabt, da wir schon tief unten waren, allein die Vermuthung, der Wind möchte oben

stärker sein, hielt uns davon ab.
Ruheplatze folgten wir dem Gr
und in zwei Stunden erreichten
Schweiger, einen grossen Bauern. V
durch zwei Alpen, die schon tief im
liegen. Auf dem Wege oberhalb dem sogenar
Wasserfall wurde einst auf Kupfer und G
geschürft; so sollen sich am Zinken kobal
hältige Anbrüche zeigen. Die Bauern sagen, der
Zinken sei so reich, dass es der Mühe lohne,
ihn abzutragen. Ebenso waren Anbrüche im
Kuhberger Thal, aber beide, die man mir zeigte,
sind so verschüttet, dass man nichts mehr
findet. — Zwei Stunden nach mir kam der
Jäger und brachte mir seine Messung des
Zinkens und die Pflanzen, die er in den
Wänden gegen das Gotsthal gefunden. Unter
diesen waren:

Saxifraga caespitosa.	*Ranunculus glacialis*
Myosotis.	*Cucubalus pumilio.*
Rhodiola rosea.	*Arnica Doronicum.*
Gentiana punctata.	*Campanula.*
Geum reptans.	

Dann zu meinem grossen Vergnügen die kaum
verblühte *Gentiana frigida, algida* des Haenke,
der sie im Höllgraben angiebt, und die hier
häufig vorkömmt. Der Wind hatte nachgelassen,
hätt' ich das vermuthet, ich würde den Zinken
vorzüglich der Aussicht wegen bestiegen haben.

Pfarrer zu mir, und
ⁿn für den Besuch der
ⁿn. Wenn ich dort nur
und vorher!

lt ich den 13. Sep-
Früh: Kogel bei
Therm.

...ıı., 11 ½ Therm.

...esse ich meine Reise. Ich
nier ein grosser Handel mit Holz,
...ıetter, Pfosten nach Graz bestehet; auch
sah ich alle Sägemühlen beschäftigt und mit
Vorräthen beladen.

Den 14. September Früh packte ich Alles
zusammen, und machte mich dann auf den
Weg. Die Strasse von Sekkau hinab in das
Eichfeld ist sehr gut und angenehm; rechts
immer der Forst, links die herrlichen Höhen
von Dürrenberg, Prank und Marein, wo die
alte Kirche sich auszeichnet; die Alpen, wo
ich gewesen, lagen links; die Gegend ist wie
ein englischer Garten, herrlich bebaut, voll
Hecken, Obstbäumen und Auen, 1 ½ Stunden
sind zu gehen, bis man Kobenz erreicht, welches
schon auf der Fläche liegt. Schön ist die Ebene
längs der Mur; fährt man jenseits, so sieht
man auf der schönen Ebene rückwärts Schloss
und Hof Hautzenbühel, zu Sekkau gehörig,

unten auf einer sanften Höhe Knittelfeld mit seinem spitzigen Thurme; ohnweit Lorenzen erreicht man die Hauptstrasse, der ich bis an den Feistritzbach folgte, dann sie verliess und nach Feistritz fuhr; dort stieg ich ab, setzte über den Bach und gieng der Gulsen zu. So wie man an dieselbe kömmt, wird die Gegend anziehender. Die Gulsen, ein länglicher Berg von unbeträchtlicher Höhe, ganz bewachsen, ist die letzte Abstufung des Gebirges am linken Ufer des Feistritzbaches, und dehnt sich bis zur Mur; gegen diese bildet sie Wände, sonst aber ist sie überall gut zu besteigen; nördlich davon liegt der Raumberg, eine kleine Höhe; diese ist ganz Serpentin; hie und da findet man Eisensteine, edlen Serpentin, graue Hornblende, Hornblendschiefer und den sogenannten Bronzit; ein kleiner Bach, der Dorrenbach, strömt zwischen diesen und der Gulsen durch bis an den Abfall, Kraubat zu; da liegt in der Gegend Laas die Seidlgrube, ein verfallner Schacht, oberhalb ein neu erschürfter Stollen, und wieder ein Stollen bei 20 Lachter weit, der in festen Serpentin getrieben ist, und sich gabelförmig theilt; bei dem linken Feldorte steht etwas Eisenerz an; hier fand ich, was ich lange suchte, den Eisen-Chrom, er bricht im ersten Stollen in blutrothem Thon, und im zweiten steht er am Feldorte an; hie und da Kalk-adern. Bronzit kömmt hier ebenfalls vor. Jen-seits auf der Südseite liegen zwei Eisengruben, ebenfalls so wie diese verlassen, da bricht ein brauner Eisenstein, an den Wänden Bronzit, Serpentin und Hornblendschiefer; diese Gegend verdient eine genauere Untersuchung. Niemand hat von dem Chrom Kenntniss. Ich gieng nach Kraubat zu Fuss, und kehrte im Posthaus ein; da fand ich einen sehr braven Mann in der Person des Postmeisters Eder; ein wahrer Patriot, redlich und gut; er litt viel durch den Feind im letzten Kriege, und that manches mit Lebensgefahr, als die Befreiung von 300 Gefangenen und ihre Ernährung auf seiner Alpe. Greuliche Scenen erfuhr ich, die Raub-sucht und Verderbtheit der Franzosen betreffend. Nach Tisch fuhr ich weiter über Leoben nach Bruck, wo ich in meinem gewöhnlichen Gast-hause übernachtete. Unterwegs liess ich mir das Schlachtfeld bei St. Michael und das Denkmal daselbst zeigen; des ersteren werde ich in meiner Kriegsgeschichte erwähnen, letzteres wäre gut, wenn es umgerissen würde; ein Denkmal geschehenen Unglücks zu errichten, ist widersinnig.

In Bruck schliesst meine Reise, und mit dieser mein Tagebuch; ich kehre Morgens mit der Post nach Thernberg geradewegs zurück, und zwar sehr zufrieden über das, was ich sah und bemerkte, gesund und froh, begünstigt durch das beständig schöne warme Wetter, reich an neuen Gegenständen und neuer Landeskenntniss, und daher zufrieden, den Zweck meiner Reise erfüllt zu haben. Wie oft hab' ich mit Wehmuth das Glück manches Landmannes betrachtet, die beglückende Unwissenheit des Alpenbewohners über die Dinge der grossen Welt, das häusliche Glück der Bergbewohner überhaupt; o warum ward mir nicht auch dies Loos beschieden? — Und doch will ich ruhig dulden, sähe ich nur jene Pläne gelingen, die ich für das Wohl der Menschen hege, und wenn nur nicht die mir von Gott gegebenen Talente und meine Kräfte durch Jahre unverwerthet brach liegen bleiben, ohne dem Staate nützen zu können. —

CPSIA information can be obtained
at www.ICGtesting.com
Printed in the USA
BVHW041738291018
531563BV00017B/282/P